改訂新版

食肉製品の知識

原著者　鈴木　普
改訂編著者　三枝弘育

幸書房

改訂新版発刊にあたって

「食肉製品の知識」は，1992年に初版が発行され，2001年に2回目の改訂が行われた．本書は鈴木 普氏が東京都の研究機関で長年培った知識とその後の経験をもとに，食肉や食肉加工製品，多岐にわたる日本の食肉加工業界の現状と今後の方向性を実務者ばかりでなく，これから学ばれる方にもわかりやすく丁寧に解説している．しかし，20年近くが過ぎ，BSEや口蹄疫，鳥インフルエンザなどの疾病対策や，食肉の安全安心への信頼性向上など消費者の目はより厳しくなっており，食肉加工業界を取り巻く環境も変化している．

改訂版の執筆にあたって，基本的には原著の体裁を守りつつ資料はできるだけ最新の数値に改め，そこから見て取れる新たな知見や関連情報を加味した．

「3. 畜肉の栄養と化学」は畜肉の組織と栄養成分に関連した内容にまとめ，「5. 畜肉の衛生」に関しては食品衛生法に基づいた記述にとどめた．一方，生産現場での飼養衛生管理から食肉加工製品の衛生管理などに関する，食肉製品全般にわたる衛生や安全性については「10. 食肉の安全」として新たな章を設けた．

原著の「食肉の利用と加工品」については，「6. 食肉の加工技術」と「7. 食肉製品とJAS規格」に分け，JAS規格の説明を新たな章として設けた.

「9. 食肉の輸入をめぐって」は，牛肉，豚肉および鶏肉の現状について記述し，TPP の行方が不透明であることから，現段階のわかる範囲でまとめた.

また，介護食品を含めてこれからの高齢化社会に向けた食肉製品のあり方と，低栄養に陥らない良質なタンパク質の摂取の必要性について「11. 高齢者向け食肉製品」として新たに章を設けた.

タンパク質の表記は，日本食品標準成分表では平仮名で「たんぱく質」，JAS 規格では平仮名と漢字で「たん白」「たん白質」とそれぞれの分野によって表記に違いがあるが，章によって表記が異なると混乱のもととなると考え，本書では「タンパク」「タンパク質」とカタカナの表記に統一した.

また，年号については基本的に元号（西暦）で表したが，同じ元号が続けて記述されている場合は後述の西暦は割愛した.

本書が食肉に関わる方々や関心のある方々の参考となり，食肉業界の発展に少しでもお役に立つことができれば望外の喜びである.

本書の執筆にあたり，ご校閲の労をたまわりました東京農業大学名誉教授 鈴木敏郎先生，日本大学生物資源科学部非常勤講師 宮尾陽子先生に心より感謝いたします.

資料提供についてご協力いただいた公益社団法人 全国食肉学校，一般社団法人 日本食鳥協会，広島県立総合技術研究所 食品工業技術センター，東洋高圧株式会社および食肉関係団体の関係者の方々に厚くお礼申し上げます．

また，幸書房社長夏野雅博氏，編集部伊藤郁子氏には大変お世話になりました．ここに深く感謝申しあげます．

2018年1月

三枝　弘育

まえがき

食品は日常生活のなかで、もっとも重要な生活必需品であることは衆目の認めるところで、生産についてはかなりきびしい議論がなされているが、食べものとしてみたとき、食品学が学際とよばれたり、食品行政が谷間の行政といわれるなど、利用の仕方になると何か中心になる柱が欠けているように感じる。

農産物の中心的研究は品種改良で、米では飯米のうまさこそ研究対象になっているが、研究の中心は耐病性や多収穫であって、米を利用する側からみれば、単なる炊飯だけでなく、多様化した食生活に対応して、チャーハン用とか、カレー用とか食べ方に合わせた品種や、煎餅などへの加工適性を対象にした、利用面からの品種改良の研究があってもよいと思うが、現実にはそのような研究はあまり見当たらず、単に収穫した米を利用するだけで、利用面から見た品種改良がないのは、何か物足りない感がする。

このことは畜産物にあっても同様で、畜産の生産物は皮や毛など一部のものを除いて、ほとんどが食品として利用されているが、畜産物が食品として語られたことはまずない。

かつての畜産は産肉性や乳量など、生産量の追究が主題であって、霜降肉の生産などを除いては、肉質など品質が主題になることは少なかったが、最近になって肉質など食品的品質が主題になって来たことは、畜産が食品としての位置づけを得てきたためであろう。

かねてから食肉流通が単なる量的な需給構造で形成されるのではなく、ハムなどの加工品への利用性からの肉質を中心とした買手市場であることが望ましく、品種改良も加工品への加工適性を中心になされるべきだと思っていた折に、この企画が寄せられたので、喜んでお引受けした。

比較的話題の少なかった食肉業界も、ここに来て牛肉の輸入自由化や、食鳥の検査制度の制定など動きが慌ただしくなって来た。

このような時に食肉の食品的知識を正しく理解して頂きたく、家畜の飼育、肉の生産、流通、利用などについて、できるだけ今日的話題を取り入れながらまとめてみた。本書によって食肉という食品が多少なりとも理解して頂ければ望外のよろこびである。

執筆にあたり、畜肉については東京農工大学教授 野附 巌博士に、食鳥については元東京都畜産試験場（現東京都立食品技術センター）の三枝弘育氏にご校閲をわずらわし、また先輩諸氏の研究業績から多くを引用させて頂きました。ここに厚く御礼申し上げます。また本書の企画、刊行にあたっての幸書房 深井 彰氏、小川栄吉氏の労にも深く感謝の意を表します。

平成3年（1991年）12月

鈴木　普

目　　次

1.　肉食の歴史

「角を矯（た）めて牛を殺す」，「羊頭狗肉」，「牛歩」，「馬の耳に念仏」，「牛飲馬食」など家畜にかかわる諺などは非常に多く，家畜が我々の生活に密接なかかわりのあることがよくわかる．

1.1　肉食の始まり

人類の食生活は肉食から始まったともいわれている．狩猟によって得た獣の肉は，最も手軽に確保できる食料であったと思われ，貝塚からは多くの貝殻にまじって，猪や鹿など獣の骨が出土していることからもうかがい知ることができる．

わが国の肉食の歴史も，有史以前から鳥獣を捕獲して食用にしており，農耕文化が大陸から伝来した後も，穀物と肉類の併食を食生活の基本にしていたといわれている．

飛鳥時代から奈良時代にかけて，腊（きたひ＝鳥獣を丸ごと乾かし固めた乾燥肉），脯（ほじし＝鳥獣などの肉を薄切りにして乾かしたもの），肉醤（ししびしお＝鳥獣の乾肉をきざみ塩につけてしぼった汁），膾（なます＝獣の肉や内臓を細かく切り刻んだもの）などが文献に散見され，原始的な方法であるにせよ肉の加工が行われていたようである．

奈良時代以降，仏教の影響から殺生を戒め，肉食が禁止されたが，牛馬を食べる風習はやまず，飢饉時には牛馬の肉で飢えをしのいだ記録も残っている．

勅令による肉食禁止令は，天武4年（675年）といわれ，なぜか牛，馬，犬，猿，鶏が対象で，豚と猪は含まれていない．平安時代には殺生を禁ずる教えも手伝って，牛馬は農耕が主力で獣肉食は食生活から忘れられていった．

しかし足利時代末期から戦国時代にかけて渡来した外国人によって，キリシタン文化が導入され，食生活も著しく変化し，一部の人々は牛肉を「ワカ（ポルトガル語で牛肉のこと）」と称して食べていた．

江戸時代に入るや，鎖国政策により海外からの文化などの渡来が禁じられ，必然的に肉食の機会は衰えていった．しかし鎖国政策も長崎出身のオランダ人居留地では，この禁令から除外されており，外国人に影響されて長崎地方の人々は，早くから肉食をしていたことが記録に残っている．

徳川幕府末期に開港条約を結んで，外国の行使が来るに及んで，牛肉の供給の必要性が生じ，牛をと畜したとされている．このことは嘉永6年（1853年）ペリーが浦賀に来航した後，ハリスが総領事として下田に着任した時，玉泉寺で牛をと畜して食用にした記録が残っており，境内の記念碑には「これが我国屠牛の嚆矢」と刻まれている．

わが国のと場の開設は，慶応元年（1865年）横浜に，慶応3年（1867年）白金に食肉解体処理場が作られ，明治2年（1869年）にはと場規則も作られた．

このようにして肉類の市販が始まり，牛鍋屋などもできてきたが，牛肉が一般に食べられるようになったのは，大正時代に入ってからである．

1.2　食肉加工の始まり

ハムなどの食肉加工の始まりは非常に古く，紀元前8世紀，ギリシャのホメロス時代に，くん製肉や塩漬肉があったといわれ，ローマ時代には遠征軍の携行食糧として利用されたとあるが，いずれにせよ狩猟民族が獲物を貯蔵するために，乾燥や塩漬け，焚火でくん製にしたのが，ハムの原型といわれている．

わが国の現在の食肉加工の歴史は，明治5年（1872年）に長崎に来遊したアメリカ人ペンスニにより骨付きハムの製法が伝授され，製造を開始したのが最初であった．明治7年（1874年），イギリス人のウィリアム・カーティスが横浜で製造を始めたのが鎌倉ハムの起こりといわれている．また日清・日露戦争で兵士の食料として牛肉缶詰（大和煮）を携帯させたことで，牛肉が足りなくなったともあった．戦後に帰郷した兵士たちにより牛肉が広まったと言われている．

当時のハムは骨付きで，日本人の嗜好に合わずホテルなどで利用される程度であった．大衆化したのは大船の駅売サンドイッチによるところが大きく，明治39年（1906年）2月の『風俗画報』に名物としての記事が記載されている．

食肉加工業が本格化したのは，第1次大戦後で，日本にとどまったドイツ人技術者ヘルマンやローマイヤなどが，ドイツ風の製法を紹介したことによる．

本格的なソーセージの製造が行われたのは大正7年（1918年）に，当時の農務省畜産試験場で食肉加工の研究を行っていた飯田吉英が，捕虜として収容されていたソーセージマイスターのカールヤーンから教授されて以降とも言われている．戦前は全国に228の食肉加工場があったが，終戦時にはわずか45工場となり，食肉加工業界は壊滅的な打撃を受けた．戦後，わが国で開発された魚肉ハム・ソーセージの新しい味覚と簡便性が広く受け，これを契機にして今日の食肉加工業の復興をみた．

ハンバーグは，古くはロシアのタタール地方に住んでいた騎馬民族が考え出した携行食が原型といわれている．彼らは塩，こしょう，玉ねぎ汁で味付けをした生の肉を鞍の間にはさみ，騎乗することで肉をもみほぐし，軟らかくして食べていた．その後，タタール地方に来たドイツの船乗りが，この料理が気に入りドイツに持ち帰り，肉をもむかわりにひき肉にしてパティ状に固めて外側をほどよく焼いた「ハンバーグステーキ」を考え出したのが，今日のハンバーグの始まりといわれている．19世紀の初めにドイツ移民と共に入ってきたこの料理がハンバーグとしてアメリカで普及し，ホットサンドイッチとしてのハンバーガーが簡便性も手伝って急速に普及した．わが国には戦後アメリカ軍の進駐によって紹介され，以来ひき肉に玉ねぎ，パン粉，卵などを加えた和製洋食的な独特の日本風ハンバーグの企業的生産が始まり，ハンバーガーのレストランチェーン店が普及し国民的ファスト

表1 食肉の家計消費動向（全国二人以上の世帯あたり）

平成	牛肉		豚肉		ハム		ソーセージ	
	数量(g)	金額(円)	数量(g)	金額(円)	数量(g)	金額(円)	数量(g)	金額(円)
18年	6,877	20,789	17,127	23,043	2,931	5,781	4,827	6,327
19年	6,862	20,959	17,491	23,674	2,973	5,954	4,888	6,564
20年	6,764	20,837	18,264	25,506	2,896	5,874	5,165	7,207
21年	7,027	20,073	18,612	24,775	2,961	5,708	5,327	7,207
22年	6,924	18,889	18,494	23,935	3,008	5,661	5,443	7,082
23年	6,753	18,391	19,009	24,738	3,034	5,642	5,402	7,098
24年	6,740	18,165	18,762	23,755	3,068	5,653	5,470	7,091
25年	6,881	19,589	19,432	24,948	3,016	5,649	5,535	7,224
26年	6,584	21,176	19,323	27,680	2,912	5,862	5,377	7,478
27年	6,232	21,234	19,837	27,888	2,915	5,846	5,361	7,508

総務省　統計局

フードとしてすっかり定着している．

現在の牛肉，豚肉，加工品の消費動向を総務省の二人以上の世帯あたりの購入量と金額を見ても平成18年（2006年）から10年間は安定的に推移しており，日本人の食生活に欠かせない基本的な食材となっている．

参考文献

1) 自家製ハム・ソーセージ手づくり入門，畜産食品流通企画研究所 (1981).
2) 食の化学 No.5，「特別企画豚肉」，日本評論社 (1972).
3) ハンバーグ製造講座，（財）日本ハンバーグ・ハンバーガー協会 (1983).
4) 食肉の化学　Vol.57,No.2 (2016).
5) 食肉がわかる　（公財）日本食肉消費総合センター (2012).

2.　畜肉の生産

2.1　家畜の飼育

2.1.1　わが国の畜産の現状

昭和30年代までの畜産は零細規模で，耕種農家の副業的飼育形態が多く，経営的にも不安定な要素が多かったが，高度経済成長期に，米と並んで畜産を農政の大きな柱にしたため畜産振興も本格化した．加えて輸入飼料の円滑な導入などから畜産物の企業的生産が確立して，経営規模の拡大が進んだ．また「畜産物の価格安定等に関する法律」（畜安法）の制定も畜産振興に大きく寄与しているといえる．

近年の畜産の進歩は，他の農林水産業と同様にバイオテクノロジーに負うところが大きい．生殖細胞の体外保存技術の歴史は古く，1952年イギリスで牛の精液の凍結に成功して以来，人工授精技術が普及して，能力の高い家畜生産が可能になった．その後は，受精卵移植技術や体外受精，核移植クローンに成功して，優良家畜の増殖に大きく貢献している．牛では雌雄判別精液の販売もされており，乳肉の用途別のみでなく雌雄の産み分けも可能になっている．

表 2.1 家畜飼育農家数および飼育頭数の推移

年号	乳用牛		肉牛		豚		馬		めん羊		山羊	
	飼育戸数	飼育頭数	飼育戸数	飼育頭数	飼育戸数	飼育頭数	飼育戸数	飼育頭数	飼育戸数	飼育頭数	飼育戸数	飼育頭数
昭和30 年	253,850	421,110	2,279,630	2,636,490	527,900	825,160	778,110	927,260	535,101	784,020	480,200	532,960
40 年	381,600	1,289,000	1,435,000	1,886,000	701,600	3,976,000	260,190	321,840	156,000	207,060	294,450	325,120
50 年	160,100	1,787,000	473,600	1,857,000	223,400	7,684,000	35,550	42,900	3,250	12,060	67,230	110,800
56 年	106,000	2,104,000	352,800	2,281,000	126,700	10,065,000	—	—	—	—	—	—
平成元年	66,700	2,031,000	246,100	2,651,000	83,100	10,718,000	6,540	22,200	2,900	29,800	12,600	36,500
10 年	37,400	1,860,000	124,600	2,842,000	50,200	11,866,000	—	111,330	—	—	—	—
20 年	24,400	1,533,000	80,400	2,890,000	7,230	9,745,000	—	83,151	593	10,342	2,806	14,702
21 年	23,100	1,500,000	77,300	2,923,000	6,890	9,899,000	—	80,757	562	12,206	2,925	14,033
22 年	21,900	1,484,000	74,400	2,892,000	調査休止		—	81,421	586	14,184	2,925	13,771
23 年	21,000	1,467,000	69,600	2,763,000	6,010	9,768,000	5,065	74,610	906	19,852	3,742	19,183
24 年	20,100	1,449,000	65,200	2,723,000	5,840	9,735,000	5,041	75,199	909	19,977	3,650	18,655
25 年	19,400	1,423,000	61,300	2,642,000	5,570	9,685,000	4,994	74,302	873	16,096	3,900	19,454
26 年	18,600	1,395,000	57,500	2,567,000	5,270	9,537,000	5,036	73,977	882	17,201	3,982	20,164
27 年	17,700	1,371,000	54,400	2,489,000	調査休止		—	—	—	—	—	—
28 年	17,000	1,345,000	51,900	2,479,000	4,830	9,313,000	—	—	—	—	—	—

農林水産省「畜産統計」
めん山羊　(公益財団法人) 畜産技術協会

食用にする獣肉は，家畜では牛，馬，豚，めん羊，山羊などが，野生のものとしては鹿，猪，兎などがある．

2.1.2　飼育の現況

1)　牛

平成28年（2016年）に牛のうち肉用牛として飼育していた飼育戸数と飼育頭数をみると，5万1,900戸で247万9,000頭であった．昭和40年（1965年）を基準にすると農家戸数は143万5,000戸で188万6,000頭を飼育していたが，平成28年には5万1,900戸に減少したが，逆に飼育頭数は約59万頭も増加しており，1戸当たりの飼育頭数は約1.3頭から47.8頭と多頭飼育が進んだ．肉用牛の主な飼育地域は北海道50万5,200頭と全体の20.3%を占め，次いで九州地方の鹿児島県（32万3,400頭），宮崎県（24万9,000頭），熊本県（12万5,000頭）の3県が続き，岩手県（8万8,500頭），宮城県（8万800頭）の東北地方2県が多く，この1道5県で全国の55.1%を占めている．関東地方では栃木県が8万2,700頭，近畿地方では兵庫県で5万500頭が飼育されている．

一方で，黒毛和種の素牛（もとうし）価格は平成18年度（2006年）で雄雌平均価格が50万円であったものが，その後は値下がりしていたが，平成26年度（2014年）に57万円，翌年は69万円に値上がりし，平成28年度はさらに値上がりして85万円にもなった．このような素牛価格の高騰は肥育農家の経営を圧迫し，長期的には日本の畜産業界にとって喜ばしいことではない．

その背景には全国的な繁殖農家の減少があげられ，特に平成

22年（2010年）に宮崎県で発生した口蹄疫の流行や，平成23年（2011年）の東日本大震災などをきっかけとした繁殖農家の離農が一因であると考えられている．

乳用牛についてみても，昭和35年以降からの飼育状況の推移をたどると，昭和56年（1981年）の210万4,000頭をピークに，その後は徐々に減少しながら平成28年（2016年）に134万5,000頭が飼育されており，1戸当たりの飼育頭数は79.1頭と多頭化が進んでいる．

2）豚

豚は，昭和40年（1965年）には70万1,600戸の農家で397万6,000頭が飼育されていた．平成28年（2016年）の生産農家数は4,830戸に激減したものの，飼育頭数は，931万3,000頭に増加し，1戸当たりの飼育頭数も1,928頭と大幅に大規模化の傾向が進んだ．地域別にみると鹿児島県が133万2,000頭と全体の14.3％を占め，次いで宮崎県（83万8,800頭），千葉県（68万1,400頭），北海道（62万6,000頭），群馬県（61万3,200頭）と，上位5道県で全国の43.9％を占めている．

3）その他

馬の飼育状況は，年々減少して平成元年（1989年）では6,540戸で，2万2,200頭が飼育されていたが，平成26年（2014年）の飼育戸数5,036戸で7万3,977頭が飼育されている．

めん羊は，平成26年の飼育戸数は882戸で1万7,201頭が飼育されており，山羊は3,982戸で20,164頭が飼育されている．

2.1.3 食肉の供給

平成25年（2013年）での食肉の供給は，わが国の食糧の自給率からみると，肉類は他の農産物と比べて約55%（重量ベース）と比較的高いが，昭和35年（1960年）の91%をピークに，ここ数年は漸減傾向を示している．肉類に限ってみると2011年の世界レベルでの自給率は，オランダ207%，オーストラリア147%，カナダ131%が高く，わが国は54%と最も低かった．

表2.2 牛・豚・その他家畜と畜頭数

年号	牛 計	和牛	豚	馬	めん羊	山羊
昭和60年	…	563,621	20,638,965	…	5,488	6,763
平成 2年	…	481,822	20,910,170	…	9,632	6,135
10年	1,320,881	596,234	17,077,180	…	5,023	5,629
13年	1,108,866	495,668	16,329,086	17,738	3,961	5,404
15年	1,209,571	461,175	16,396,356	19,039	3,609	3,936
19年	1,207,084	447,666	16,267,631	15,548	3,792	2,640
20年	1,237,675	467,018	16,192,079	15,003	4,442	2,726
23年	1,174,221	517,593	16,395,153	11,924	…	…
24年	1,199,510	539,774	16,776,233	12,273	…	…
25年	1,184,999	529,567	16,940,368	13,592	…	…
26年	1,156,602	507,422	16,202,855	13,474	…	…
27年	1,107,166	482,594	16,104,466	12,466	…	…

農林水産省「畜産物流通調査」
(注記)
「牛計」は平成7年からのデータである．
「馬」は平成12年より「成馬」と「子馬」の合計での集計とした．
「めん羊」「山羊」については，平成20年を最後に調査を終了した．

牛全体のと畜頭数は平成に入り130万頭前後で推移していたが，平成13年（2001年）に発生したBSEにより110万頭まで落ち込んだ．その後は，120万頭前後で推移し，平成27年（2015年）は110万7,166頭に減少した．また，和牛のと畜頭数は平成13年の49万5,668頭から漸減し，平成19年（2004年）に44万7,666頭で底を打ち，その後は増加に転じたものの，平成22年以降は50万頭台に回復したが，平成27年は48万2,594頭と再び減少した．一般に牛肉として利用されている半数以上は乳用種の肉である．

豚のと畜頭数は，昭和60年代から平成2年（1990年）まで2,000万頭で推移していたが，その後は減少し，平成27年は1,610万4,466頭であった．

近年のわが国の食生活は，米の消費減，畜産物の消費増を中心に，多様化，高級化，簡便化へと推移し，食肉の消費は平成25年には年間1人当たり30.1 kgであったが，平成10年（1998年）以降の伸びは鈍化している．

2.2　肉畜の種類

近年の食肉に対する消費者の要望には，高品質や美味さへの志向も多く，これに応えるため差別化された食肉，いわゆる銘柄商品の開発が生産側で試みられるようになった．肉牛ではすでに松阪牛や近江牛，前沢牛などの銘柄牛があるが，豚でも地域の特色や飼育法を生かした，特徴のある商品としての銘柄豚が生産されている．

2.2.1 牛

食用として牛が飼育されたのはイギリスが最も古く，現在肉用として有名な品種はイギリス原産のものが多い．

肉用牛として導入されている外国種では，アバディーンアンガス種，ヘレフォード種，シャロレー種が有名である．

わが国では，以前は在来種および朝鮮半島から渡来したと思われる韓牛（朝鮮牛）が役用に供されていたが，大正・昭和初期にかけて，これらと肉用牛として導入された外国種との交配によって肉質の向上が図られ，黒毛和種，褐毛（あかげ）和種，無角和種および日本短角種が育種された．

一般に和牛と呼ばれるわが国の在来種は，黒毛和種のことを指しており，原型が山口県萩市の孤島にみられる見島牛（天然記念物）として残っている．

これらの在来種に，明治時代に入って牛肉の需要の高まりか

写真 2.1　黒毛和種（農林水産省畜産局提供）

ら，和牛の改良が計画され，外国種のシンメンタール，エアシャー，ブラウン・スイスなどと交配，雑種繁殖（品質を異にする交配を雑種という）が行われ，早熟性や飼料利用性などの改良がなされたが，反面資質の低下をみたため雑種繁殖は中止となった．その後，目標を定めて改良をすすめた結果，固定種として黒毛和種が認定されるに至った．その他の固定種に，褐毛和種，無角和種，日本短角種がある．これらの固定種を素牛とし，各地でそれぞれ銘柄牛として生産されるようになった．

欧米では，放牧など粗放な飼育管理により，成牛の肉は硬く脂肪も少ないため，むしろ子牛の肉が賞味される．満1才までの子牛の肉をvealと称し，生後6週間以内の哺乳中のものが最も美味しいとされている．しかし，子牛の肉は味が淡白なため，ソース類で味つけをして賞味するので，欧米ではおいしいソース類が多いといわれている．わが国の子牛のと畜頭数は，昭和50年（1975年）から減少し始め，平成12年（2000年）以降から1万頭を下回っており，平成27年（2015年）は5,890頭と少ない．

いわゆる「国産牛」とはホルスタイン種などの乳用種も含むが，「和牛」と呼んでいる約95%が黒毛和種である．

牛肉の銘柄は，産地，血統，品種，枝肉の格付け，飼育法・期間などにより，一定の基準を満たしたものに付けられており，その基準は各銘柄によってまちまちであるが，和牛枝肉の格付け項目の一つにB. M. S.（脂肪交雑基準値）があり，霜降りの入り具合でNo. 1から12までの数値で判定され，B. M. S. 値No.8から12までが上位ランク（肉質等級5相当）となる．

1) 銘柄牛の生産

a) 前 沢 牛

肉用牛枝肉共進会で，昭和58年（1983年）から3年連続最優秀賞を受賞し，西の松阪，東の前沢といわれ，肉質日本一の評価を得ている．「前沢牛」は，岩手県奥州市前沢区に住所を有する者及び前沢区に所在地のある生産者が，前沢区内で肥育し生産した牛で，岩手ふるさと農業協同組合を経由して販売されたものをいう．ブランド化は昭和46年（1971年）だが，黒毛和種を素牛として平成16年（2004年）には岩手県前沢町内326戸の生産農家で肥育され，年間4,000頭余りが出荷されており，格付け等級はA，Bの4以上に「前沢牛」のブランドがつけられている．

b) 山 形 牛

明治4年（1871年），米沢興譲館に招へいされた英人教師チャールズ・ヘンリー・ダラスが，みやげに米沢牛1頭を横浜に持ち帰って試食したところ，その味のよさに驚き，置賜（おきたま）地方で生産される牛を米沢牛とよぶようになった．

山形県に黒毛和種が初めて導入されたのは明治42年（1909年）頃で，置賜，村山地域を中心に和牛の生産が盛んに行われ，東京や大阪に多く出荷されていた．その後，肉質向上をめざして兵庫産の種雄が導入され，品種改良が図られた．これらは，米沢牛のほか，飯豊牛，西川牛，天童牛，東根牛などとそれぞれの名称でよばれてきたが，昭和37年（1962年）に山形肉牛協会によって，品種規格統一のため，総称「山形牛」と名付けられた．以後，県，肉牛協会，農協，改良組合など関係機関の協力で，産地証明書（山形県内で肥育・出荷された牛で，格付けでA，Bの4以上のものに対して）を発行するなど，ブランドの確立に努めている．

c）常陸牛

茨城県の県北地帯が黒毛和種の繁殖地域に昭和39年度に指定され，それまで県内の肉用牛は茨城肉牛として出荷されていた．しかし知名度が低く，肉質が良いにもかかわらず市場で有利な販売がなされなかった．そのため銘柄化を図り，昭和52年（1977年）に協議会を発足させ「常陸（ひたち）牛」と命名した．現在，常陸牛の生産・流通は，茨城県常陸牛振興協会を中心に生産農家を登録し，生後30～35カ月のものが出荷され，産地証明書を発行し，指定登録された小売店から販売されている．

d）松阪牛

昭和33年（1958年）に銘柄として確立された，わが国の牛肉のブランドを代表する銘柄で，平成16年（2004年）に設立された松阪牛協議会のまとめでは，平成27年（2015年）3月現在で106戸（3市6町）の肥育農家で1万1,080頭が肥育されている．

e）近江牛

松阪牛と並んで，銘柄牛の代表として知られており，滋賀県内で肥育された黒毛和種で，格付けA-5，B-5のものがブランド化されている．年間約5,000頭が出荷されている．

f) その他

ホルスタイン種を素牛としたものには十勝牛などが，日本短角種を素牛にしたものには十和田牛や，岩手短角牛などがあり，全国各地にブランド化した肉用種がある.

2.2.2 豚

家畜として古くから利用していたのは中国といわれ，古い系統は中国が原型とされている．豚はすべての種類が肉用として利用されており，現在の肉豚は大半がデンマーク原産のランドレース種で，その他にはハンプシャー種，大ヨークシャー種，デュロック種などがある.

第2次世界大戦までの養豚の中心は，中ヨークシャー種とバークシャー種で，昭和10年（1935年）頃100万頭を越える飼育頭数のうち，95%が中ヨークシャー種で，残りが局地的に飼育されているバークシャー種であった.

昭和30年代以降の経済復興に伴い，養豚も専業化し，経営規模の拡大が進むにつれ，発育速度やと畜後の枝肉の形や重さなどが，できるだけ揃っていることが重視され，そのため雑種利用が盛んになった.

品種または系統を異にする交配の結果を交雑種といい，現在では2品種間の一代交雑種，一代交雑種にさらに第3の品種を交配して得る三元交雑種，四元交雑種などの雑種強勢を利用した肥育素豚の生産が行われている．それぞれの品種の長所をあわせもつ子が得られる可能性が大きく，ことに両親よりも優れた能力を示す雑種強勢の効果が期待されている．この結果，品種の多様化が必要になり，昭和35年（1960年）に導入された新品種ランドレース種は，発育の早さ，飼料効率のよさなどの経済性がよく，これをベースにした交雑種が多く利用されている．

ランドレース種はデンマーク在来の豚と大ヨークシャー種を交配させて改良した新品種で，体型は従来のヨークシャー種などに比べて頭は小さく，胴長のベーコン型で，後躯の方ほど発達した流線型をし，産肉能力の高い品種といわれている．

ヨークシャー種はイギリスのヨークシャー地方の原産で，毛・皮膚とも白く，体質は強健で，繁殖力は旺盛，飼育も簡単といわれている．ヨークシャー種には小・中・大の品種があり，今日ではほとんどが大ヨークシャー種である．

バークシャー種はイギリスのバークシャー地方の原産で毛・皮膚が黒く，黒豚とよばれ，肉は締まって味が良いとされている．

写真 2.2　ランドレース種
（全国養豚協会提供　現（一社）日本養豚協会）

ハンプシャー種はアメリカで改良され，毛・皮膚は黒いが，肩から前肢にかけて白色をしている．肉質は良好で色沢もあって，もも部分の肉量が多い．

デュロック種はアメリカで改良された品種で，毛色は褐色で飼料要求率や産肉能力に優れ，背脂肪はやや厚くなりやすいが，筋肉内へ脂肪が沈着しやすく，サシ（霜降り）が入りやすい．

肥育素豚生産のための交配には，主にランドレース種，大ヨークシャー種，ハンプシャー種およびデュロック種の4品種交配が多く行われるようになっているが，ふけ肉などの保水力の低い肉質は遺伝的な要因も大きいとされ，ハンプシャー種，ランドレース種，中ヨークシャー種，デュロック種などが品種的に発生率が高く，バークシャー種では発生をみていないとの報告もある．

1）豚の品種改良と系統豚の造成

豚の品種は，胴長で赤肉の比率の多い加工用型品種（大ヨークシャー種など），体積が豊かで産肉量の多い精肉型品種（ハンプシャー種やデュロック種など）および脂肪蓄積の早いラードタイプの品種（中ヨークシャー種など）の3タイプに大別されていたが，近年は脂肪層が薄くて赤肉率の高いものが消費者から求められ，これを改良目標として品種改良をすすめられてきた．

デンマークで作出されたランドレース種は，雌系品種と呼ばれる繁殖能力に優れた発育の早さ，飼料効率の良さなど経済性に特徴があり，大ヨークシャー種を掛け合わせて産まれた雌豚に，雄系品種と呼ばれる産肉能力に優れるデュロック種やハンプシャー種などの有色種の雄を交配した三元交雑種が一般的になっている．しかし，組合せを同じにしても，高品質な枝肉が生産されない場合もあることから，能力発現の斉一性の高い集団＝系統をつくり，これらの系統同士の交配から，安定した能力を示す組合せが可能になるので，系統内での個体能力のバラツキを無くし，かつ能力の高い系統豚の造成が望まれている．

系統豚の造成は，まず血統の明らかな種豚から，1日平均増体重，背脂肪の厚さ，ロース断面積，ハムの割合などの形質を改良形質とし，それぞれの目標値を定めて閉鎖群選抜を行い，産まれた子豚の能力検定を行う．能力検定の結果から統計的手法を用いて遺伝的能力を推定し，能力に基づいて次世代の豚を選抜し，この選抜を6～7世代繰返して，系統豚は種豚として登録され，得られた子豚は登記されて系統の維持が図られている．

2）種豚登録

（一社）日本養豚協会で登録・子豚登記を行っている品種は，ヨークシャー種，バークシャー種，ランドレース種，大ヨークシャー種，ハンプシャー種，デュロック種の6品種である．登録が始まった昭和23年（1948年）はヨークシャー種とバークシャー種の2品種であった．昭和37年（1962年）にランドレース種が加わり3品種で6万8,250頭が登録された．その後6品種に増えたものの，登録頭数は漸減し平成になってからは1万4,000頭以下で推移している．

このような純粋種豚の登録総数減少の主因は，雑種利用（三元交雑）の増加が影響していると推察しており，三元交雑の生産に多く用いられるランドレース種，大ヨークシャー種，デュロック種の登録頭数は多い.

3）銘柄豚の生産

近年の食肉需要の増大に対応するため，生産者は産肉能力の向上，繁殖能力の向上，多頭飼育による省力化などを目標に，品種改良をすすめてきたが，昭和31年（1956年）頃からこれらが原因で，ふけ肉などの異常肉質が発生し問題となった．また食生活の高級化志向などから，消費者は品質のよい豚肉を求めるようになった．このような状況から品種改良の観点も変わり，最近は銘柄豚として差別化商品の作出を見るようになった．（株）食肉通信社発行の「銘柄豚肉ハンドブック2016」によると，平成12年（2000年）に179種類の銘柄であったものが，平成28年（2016年）には415の銘柄豚が掲載されており，各地の銘柄豚の種類は増加していることがうかがえる.

4）トウキョウX（エックス）の開発

トウキョウXは3品種（北京黒豚種，バークシャー種，デュロック種）を用いて系統造成を行い完成した合成種である．その開発手法は，最初に3品種それぞれの雄雌を交互に6通りの組み合わせで交配し，その子供を雑種第1代として育種の基礎集団を作った.

この基礎集団の個々の能力数値を用いてBLUP法（最良線形不偏予測法）で育種価を計算し，この値の高いものから次世代の候補豚を選抜し，これを5世代繰り返し完成した．別の品種を掛け合わせて固定された新品種を作り出す手法は従来にはなく，霜降りの肉質，日本の豚肉市場に適応できるような品種改良を進め系統豚のトウキョウXを作出した.

さらにトウキョウXの完成と同時に，健康に飼育する理念に基づいて「安全・安心（**S**afety）」「生命力（**B**iotics）」「飼育環境（**A**nimal Welfar）」「品質（**Q**uality ）」の4点を「東京SaBAQ（さばっく）牧場」として飼育農家に提案した．

a）肥育期間中は飼料に抗生物質を添加した餌は使わず，予防的な投薬もしない．その代わり子豚にはワクチン中心のプログラムを実施する．飼料原料のトウモロコシ・大豆は遺伝子組み換えでないもの，ポストハーベスト・フリー（収穫後の農薬未使用）のものを採用する．

b）快適な飼育環境で育てる．動物福祉の考えのもと畜舎のスペースは広く取り，豚にストレスを与えない．豚舎内は十分な採光と換気を保持する．

c）素材豚は生産効率優先の品種ではなく，良い肉質を追及した豚である．飼育マニュアルに沿って飼育し，指定飼料を使うことで，上品な香りとさっぱりした脂肪，ほどよい柔らかさのおいしい肉に仕上げる．

d）本来の生命の力を生かして育てる．効率を求めず，薬品にたよらず，飼料は大麦を22％含む特別メニューとし，昔ながらの飼育法で育てる．

この4つの提案を遵守できる農家でトウキョウX豚を生産し，衛生検査のほか，トウキョウX豚独自の肉質検査をパスしたものを消費者に届けることにした．

注）系統名としては「トウキョウX」（カタカナ表記）が使われ，精肉となった時に「TOKYO X」（英語表記）と名称が変わる．

どちらも「X」は変わらない.

5）SPF豚

いわゆる銘柄豚ではないが，生産方法に特徴がある豚に「SPF豚」がある．SPFとは，specific pathogen free の頭文字で，「特定病原菌不在の豚」という意味であり，日本SPF豚協会では，特定疾病を次のように指定している.

a）排除対象疾病（監視しつつ，常に排除すべき疾病）として

オーエスキー病（Aujeszky's disease；AD），萎縮性鼻炎（Atrophic rhinitis；AR），豚マイコプラズマ性肺炎（Mycoplasmal pneumonia of swine；MPS），豚赤痢（Swine dysentery；SD）

b）監視対象疾病（監視しつつ，排除に努めなければならない疾病）として

トキソプラズマ病（Toxoplasmosis），サルモネラ・ティフィムリウム感染症（*Salmonella* Typhimurium infection；ST），内・外部寄生虫感染症

これらの疾病は，群飼豚中に発生すると，またたく間に群中に広がり，死に至らないまでも発育の停滞や治療による完治が望めないため，飼料効率の低下などを招き，養豚の生産性には大きな影響を与える．また発病の原因が不明なことが多いので，群内特定病原菌をなくして未然に疾病を防ぐために，母豚より胎児を帝王切開で無菌的に取り出して，厳重な規制下で無菌的に育成，繁殖する必要がある．SPF豚は病気によるストレスが少ないことから産肉能力が発揮しやすく発育はとても良く，飼料効率が高く，また肉質も良いとされている.

2.2.3　馬

家畜として馬が飼われたのは古く，一節には石器時代ともいわれている．わが国での飼育は役用，乗用が目的で，食用としての利用は少なかった．

馬肉は俗に“さくら肉”とか“けとばし”と称して，加工品や馬刺し，さくら鍋として利用されている．平成23年（2011年）の統計では輸入肉はカナダが最も多く，次いで中南米のメキシコ，アルゼンチンである．また，国内の産地は熊本，福島が有名である．

2.2.4　めん羊

昭和35年（1960年）頃からプレスハムの原料としてクローズアップされたが，それまで肉としてあまり利用されていなかった．

写真2.3　サフォークダウン種
（(社）日本緬羊協会提供　現（公社）畜産技術協会）

一般には羊（ひつじ）肉といわれるめん羊肉は，一種のくさみがあってあまり利用されなかったが，ジンギスカン鍋によって広く利用されるようになった．大部分はニュージーランドやオーストラリア産で，20ヵ月以上の肉をマトン，生後1〜2年のものはイヤリング，1年以内のものはラム肉と区別している．食肉用の品種としては，サフォーク種が有名である．

2.2.5　山羊（ヤギ）

めん羊と近縁の家畜で，アジア大陸の高山地方を原産としている．肉用，乳用，毛用種があるが，わが国では長崎県五島列島で，シバ山羊という在来種が食肉用に飼育されている．

平成23年（2011年）末での沖縄県の調査では，ヤギ飼養状況は，農家戸数1,420戸，飼養頭数8,656頭である．主な調理法は肉，骨，内臓などを一緒に汁炊きし山羊汁として食されている．山羊汁には薬味としてヨモギ，ショウガを入れ，塩で味付けする．山羊は，と畜体重が約30 kgで，枝肉歩留まりも40％前後と低く部分肉として販売することは困難であることから骨，肉および内臓のセット販売されることが多い．そのため，山羊刺は人気商品であるが，肉量が少ないことから残りの骨の部分のみでは販売できないため，料理店などでは山羊汁とセットでメニューが用意される．

2.2.6　鹿（シカ）

偶蹄類の動物で，種類は多く，シベリアのツンドラ地帯などで有名なトナカイもこの仲間である．わが国ではニホンジカが有名で，猟期は12月～2月までと決められ，濫獲防止をしている．

肉は淡白で軟らかく珍重され，“もみじ肉”と称され，鍋ものとして利用されていた．近年のジビエブームから需要が増え，洋食にも多く利用され，一部には食肉用に欧州原産のシカ肉の輸入も増えている．北海道ではエゾシカの飼育を行って精肉の提供をしているところもある．また近年では野生のニホンジカが増え農作物への被害も問題視されていることから，利用拡大に向けて精肉のみではなく加工品製造なども行われている．

2.2.7 猪（イノシシ）

豚の原型といわれ，北海道・東北地方を除く地域に広く分布している．猪は古くから食べられており，古事記や日本書紀にも記録が残っている．

仏教伝来以来，4つ足の動物の肉の食用は禁じられていたが，猪は“山クジラ”と称して食用にしていた．また“ぼたん肉”とも称し，鍋などにも広く利用されている．シカと同様に郷土料理としても利用されている．

野趣味溢れる料理を表看板にして，猪と豚との交配“イノブタ”を提供している店もある．

2.2.8 兎（ウサギ）

兎はノウサギとアナウサギに区別され，イエウサギ（家兎：かと）はアナウサギを家畜化したものといわれている．

ノウサギの肉は脂肪が少なく，硬くて一種のくさみがあるが，イエウサギの肉質は鶏肉に似て，その淡白さが好まれている．また肉はソーセージなどのつなぎ肉として，粘着力（結着力）の強いことから利用されている．

2.2.9 野生獣肉の利用の留意点

ジビエ料理の認識の高まりと害獣処理後の肉利用の面から，野生獣肉の利用が増えている．その一方でシカ，イノシシなどの野生動物には，病原体や寄生虫が存在する可能性があることを認識することも必要である．

厚生労働省は平成26年（2014年）に「野生鳥獣肉の衛生管理に関する指針（ガイドライン)」を示した．

このガイドラインでは，野生鳥獣肉の利活用に当たって，①捕獲，②運搬，③食肉処理，④加工，調理および販売，⑤消費の各段階における適切な衛生管理の考え方等が示された．

1) 捕獲方法や捕獲後の処理によって肉の味が大きく変わるため，捕獲者（狩猟者）に対して捕獲後の処理方法の研修などの学習を行う必要がある．

2) 野生獣の肉の生食は絶対に行わず，食肉としての利用に当たっては，中心部まで火が通るよう十分な加熱処理が必要であることなど，正しい知識を加工・調理業者や消費者等への周知徹底することが重要である．

3) より安全，安心な流通を確保するためのコンプライアンス（法令遵守)，トレーサビリティーに取組む．

4)　一般的に日本人は野生獣の肉になじみが薄いため，国内でイノシシ肉やシカ肉を食肉としてある程度普及させるには，調理方法の開発と普及が求められる．農林水産省では，平成27年(2015年) に野生獣肉の利用について支援策を講じている．

2.3　肉畜の流通

食肉の流通において，生産から販売までほぼ同じ荷姿で流通する青果物や魚介類などと最も異なるところは，生産者が出荷する時は生体であるが，販売される段階では枝肉や使用用途別にカットやスライスされた精肉になり形状が変わることである．生産者から出荷された家畜は，と畜場で食肉処理のための専用施設においてと畜され，頭，四肢，内臓，皮などが除かれ，半丸枝肉となり，骨を除去した後，ヒレやロースなどの部位別に分割される．さらに部分肉はその用途別に，カットやスライスされて精肉となる．このように食肉になるまでには，1頭の家畜を最低でも3段階（枝肉→部分肉→精肉）に分けて，多数の小売り用の商品として流通している．

2.3.1　流通経路

肉畜が食肉として流通するまでの経路は，図2.1に示すとおりである．

肉牛の一部は家畜市場で取引きされてからと畜場に搬入する方法や，地場消費向けに食肉小売業者が直接農家の庭先で1ないし

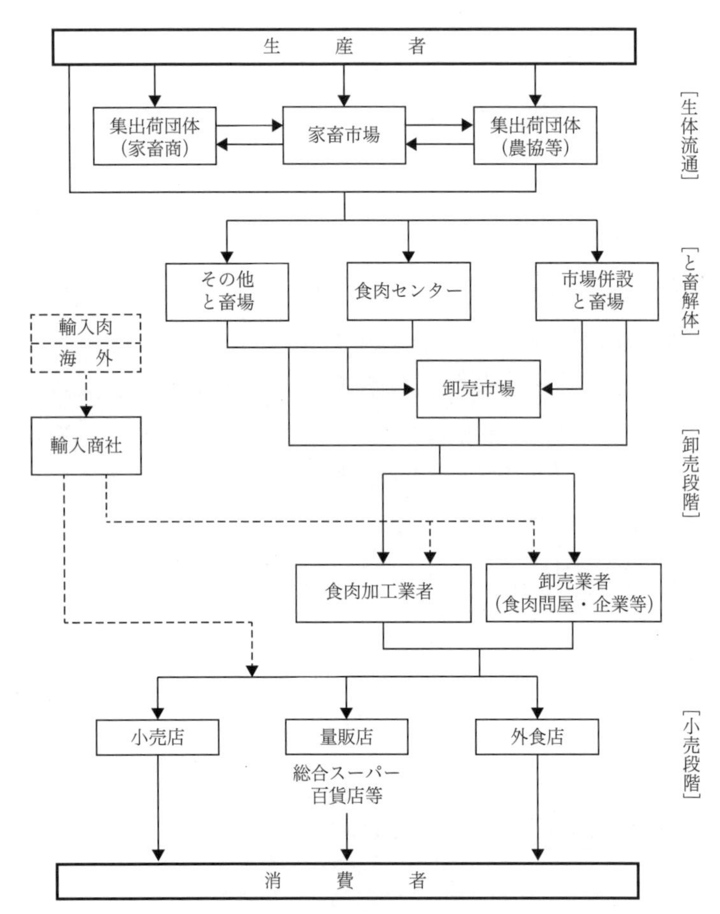

図 2.1　食用の流通経路（牛，豚）

農林水産省生産局畜産部食肉鶏卵課調べ

2頭の牛や豚を購入し，自らと畜場に持ち込んで枝肉にして自分の店で小売りするという流通もある．このように，肉畜の流通にはいろいろな方法があり，生産者は個々の事情に応じて肉畜の販売方法を選択することも可能である

一般的に国内の食材流通の中心的役割を持つ卸売市場は，国民の食生活に欠かすことのできない生鮮食料品等（野菜，果実，生鮮水産物，加工水産物，肉類，花き等）を日本国内はもとより諸外国からも集荷して，速やかに分荷し，消費者へ送る役割を担っている．卸売市場は「中央卸売市場」と「地方卸売市場」「その他卸売市場」に分けられる．

2.3.2　食肉市場

食生活に必要な肉，野菜など生鮮食品は，新鮮なうちに安定的に消費者に供給することが必要で，これら生鮮品の流通には，生産物を1ヵ所に集める集荷機能，用途別に分ける分荷機能，公正に価格を決定する価格形成機能をもった卸売市場が大きな役割を担っている．

食肉（牛肉，豚肉）の中央卸売市場への流通経路の基本形は，生産者が肉畜を生産者団体や集出荷団体（家畜商）または家畜市場に売却し，そこを経由して卸売市場に生体として入荷するほか，と畜解体設備を有する流通施設である「食肉センター」や部分肉取扱業者を通じて卸売市場に枝肉や部分肉が入荷される．

また，生産者から食肉センターや，と畜場へ生体で売却された後，食肉加工業者等を経由して大口需要者，量販店，小売店等に

届き，最終的に消費者に販売されるという「場外流通」がある．

食肉市場は卸売市場の食肉部門として位置づけられるが，中央卸売市場としての食肉市場は全国で 10 ヵ所（仙台，さいたま，東京，横浜，名古屋，京都，大阪，神戸，広島，福岡）に設けられている．

卸売市場は，生鮮食料品の取引および荷さばきに必要な施設を設けて継続して開場し，公開的かつ統一的な原則の基に運営されている．多数の出荷者から委託を受け，または買付けて販売する少数の卸売業者と，多数の買手による取引の場であり，中央卸売市場，地方卸売市場と，それら以外の卸売市場に分けられている．

中央卸売市場は，生鮮食料品などの流通，特に消費上重要な都市とその周辺の地域における円滑な流通を確保するための卸売の中核的拠点となるとともに，当該地域外の広域にわたる流通の改善にも資するものとして，卸売市場法に基づき，農林水産大臣の認可を受けて開設される卸売市場である．

地方卸売市場は，肉類を取扱う卸売市場では卸売場の面積が 150 m^2 以上と定められており，全国で 22 ヵ所設置されている．

食肉の流通は長い間，と場での相対取引が中心であったが，昭和 30 年代に入って食肉流通の近代化を図るため卸売市場の設置が進められ，取引の中心であったと場に併設される形で市場が設置された．現在も食肉市場のほとんどはと場を併設している．

食肉市場にかかわる業者には，集荷機能としては卸売業者が，分荷機能としては仲卸業者が，価格形成機能としては仲卸業者と売買参加者（売参人）がいる．

卸売業者は肉畜を継続的かつ計画的に集荷し，仲卸業者や売買参加者に販売することを業務としている．原則として委託の方法で集荷し，セリまたは入札の方法で販売することとしている．

仲卸業者は市場開設者の許可を受けて市場内に店舗をもち，卸売業者から買付けた枝肉を仕分けし，調整して小売商，外食業者などの買出人などに販売する業務を営む者で，特に専門的な観点からの評価能力を有することにより，市場における価格形成に重要な役割を果している．

売買参加者は，市場開設者の承認を受けて，卸売業者の行う卸売に直接参加して物品を買受けることができる小売商，大口需要者であり，仲卸業者とともに卸売業者の卸売の相手方として，価格形成に重要な役割を果している．

その他関連事業者として，開設者の許可を受けて，市場内で卸売業者が卸売する取扱い品目以外の生鮮食料品などの卸売をする者，市場取扱い品の保管，運搬，飲食店などのサービスの提供などの業務を営む者がおり，市場機能の運営に重要な役割を果てしている．

東京都中央卸売市場（芝浦市場）の平成28年（2016年）の取扱頭数は牛が13万1,647頭，豚が20万9,567頭，その他200頭である．取扱い金額では，牛が1,374億2,100万円，豚が81億7,099万円であった．

2.3.3　市場流通

近代的な取引へ脱皮するため昭和32年（1957年）に「卸売市場

法」が適用になり，食肉卸売市場の設置によって公開セリ取引へと改善され，開放的な市場の実現によって食肉流通も近代化へと歩み出した．

現在の食肉流通は，卸売市場を中心にした従来からある市場流通と，市場を経由しない市場外流通に分けられる．

市場流通では，枝肉の取引は，格付け結果や需給状況などを参考にして，生産者などから受託した枝肉を卸売業者と呼ばれる売り手と仲卸業者および売買参加者（専門小売業者，加工メーカーなどの買い手）の間でセリによって価格が決定する．平均取引価格や取引頭数などは，新聞などを通じて公表されている．食肉卸売市場は，セリ取引を通じた公正な枝肉の取引の場として，多様な肉畜の集分荷，セリ取引による需給を反映した迅速かつ公正な価格形成，市場外流通における指標価格としての建値の形成の役割を担っている．

2.3.4 市場外流通

現在の食肉流通の主体をなす流れに，市場外流通がある．これは加工メーカー，飼料メーカー，生産農家が契約によって結ばれた，いわゆるインテグレーションとよばれる流通経路である．

戦後，食糧不足時代の一時期を経過した後，ハム・ソーセージなどの食肉加工品も日常の食生活に取り入れられ，畜産も徐々に回復し，これと相まって食肉加工メーカーは，原料肉確保のため肉畜の生産地へ工場などを進出させ，生産地の家畜商なども系列化して，一つの流通ルートを確立した．さらに生体流通に代って輸送効率を高めるため，産地での枝肉・部分肉への処理加工が進むようになった．

このようにして，産地で枝肉・部分肉に処理加工し，市場外流通のルートに乗せる方向での産地流通の合理化・近代化が，生産者組織や地方行政からも強く要望され，国は昭和35年（1960年）に産地食肉センターの設置に助成措置を講ずるようになり，平成28年（2016年）4月で，全国に144ヵ所が設置されている．

この間の助成対象はいろいろと変ったが，当初は産地でのと畜，解体処理を可能にして，枝肉にした後の共同出荷施設としての位置づけであった．その後は冷蔵施設を備えて保管機能を持つようにし，さらには産地での基幹流通基地としての性格が付与されるに至って，市場外流通に大きな役割を果たすようになった．

かつて肉畜は農家の副業として飼育され，農村は肉畜の生産地として位置づけられていたが，生体で出荷されるため，生産地でありながら食肉の消費に結びつかないことも多かった．

戦後は農村の食生活の改善も進められ，食肉の消費の立場から，農村における食肉加工事業も重要視され，肉畜の自家利用などを前提に，自家用と畜分の肉畜を処理場に預ける食肉銀行方式なるものも誕生した．これが近年の産地処理による市場外流通の母体となったといえるだろう．

2.4　肉畜の処理

牛，馬，豚，めん羊，山羊など肉畜はと畜をしてはじめて食肉として利用することができる．これらの肉畜のと畜は，「と畜場法」により都道府県知事（保健所を設置する市にあっては市長）の許可を得て設置された，と場以外でと畜をすることはできないと定めている．しかし例外として不慮の災害で負傷して直ちにと畜を必要としたり，難産などで急を要する場合などは，切迫と畜として，と畜場以外でのと畜が認められている．

2.4.1 と 畜

と畜場に運ばれた肉畜は，輸送中の疲労や到着後の繋留場への移動など，運動や興奮で筋肉中のグリコーゲンが消費されているので休養と安静を与えることが必要である．グリコーゲンはと畜後分解して乳酸に変るので，筋肉中の pH 値は低下し，食肉の保存性がある程度保たれるが，運動などでグリコーゲンが減少した場合は，乳酸量が少なく保存効果が低いとされている．また興奮すると血液が全身に広く流れるため，と畜時の放血（頸動脈を切って血を出し，筋肉中の血液を抜くこと）が悪くなり，肉質を低下させるおそれがある．

休養と安静をした肉畜は，生体に異常があるか，疫病の有無などの生体検査を受ける．異常が発見され食用に不適当と認められた時は，と畜または解体を中止する．

生体検査に合格した肉畜は，と畜室に順次追い込まれる．

と畜の条件として，

①できる限り肉畜に苦痛を与えない

②放血が十分できる

が挙げられる．方法として，牛，馬の大家畜はと畜銃による打額法，豚などの中家畜は頭部電撃ショック法や炭酸ガスと畜法がとられている．

大家畜は打額法で失神状態にしておいて，血液循環器系の機能が停止しないうちに，頸動脈を切って放血し，致死させる．BSEの発生以来，ワイヤーで脳脊髄を破壊する行為は行われていない．

豚で行われている炭酸ガスと畜法は，ストレス感受性を刺激しない点で理想的といわれている．原理は，豚が炭酸ガス濃度65～85％の室をコンベヤーで50～90秒間通過，1.5～3分間失神状態になり，トンネルを出た時に頸動脈を切断して放血をする．設備費が高い難点はあるが，近代的処理施設には是非備えたいものである．

従来の電撃ショック法では，生体時での刺激がストレスとなり，肉質に良い影響を与えないとされている．また世界的にも電圧は550 Vから200Vに下げる傾向にある．

2.4.2　解　　体

と畜放血された肉畜は，内臓摘出，肢端（脚：あしの先端の爪の部分）切断，頭部切断，はく皮，背割りの順序で枝肉になる．この工程は牛，馬，豚とも大差がないので，豚を例に説明する．

失神した豚は直ちにアキレス腱のところを切り開いて，ここで懸吊させ，頸動脈を切断して放血し致死させる．牛と馬は，また豚も手順によっては放血してから懸吊させる場合もあるが，頸動脈を切断された肉畜はいきおいよく血液を流し出す．この血液は，ブラッドソーセージや血液タンパクの原料として採取される．

懸吊された肉畜は，最初に肛門を丸く切り取って体表から腸管を離し，次いで正中線にナイフを入れ，腹部を切り開いて消化管，肺臓，肝臓，心臓，食道，舌まで一緒に取出す．摘出された内臓は検査を受ける．内臓を摘出したと体は，脚の先や頭部を切断し，頭部は内臓同様検査を受ける．脚の先や頭部を切断されたと体は，はく皮台にのせ脚の部分は切り開き，はく皮機とナイフで皮をはぎ取る．東日本では大体この方法をとっているが，西日本では内臓摘出の前に湯に漬けて，脱毛機で毛をとる湯はぎが行われている．湯はぎ後の内臓摘出は同様に行われる．ただし，湯はぎをするのは豚だけである．

内臓摘出，はく皮したと体は，よく水洗をしてから，背骨の中央をひき割る背割り作業により左右2分割にする．2分割された枝肉を半丸ともよんでいる．2分割された枝肉は，獣医師であると畜検査員による検査に合格し，検印を受けた後，鮮度保持などのために早急に冷却室へ送られる．この時，肉温を2～3℃に急冷することが望ましい．セリはすべて冷と体で行われる．

このように検査は，生体検査に始まり，内臓と頭検査を経たのち枝肉検査の3段階で行われ，と畜検査員の検印を受けた枝肉だけが精肉や加工肉として流通する．

2.5　畜肉の規格

畜肉の取引は，過去においては生体取引であったが，戦後流通の合理化が推進され，生体取引から枝肉取引へと重点が移り，牛肉においては現在では生産量の60%が部分肉取引へと変わっている．先進諸国では依然として生体取引が主体をなしていることに比べて大きな特徴といえよう．

昭和33年（1958年），大阪市に初めて食肉中央卸売市場が開設され，順次大消費地に中央卸売市場が整備され，枝肉取引が一般的になっていった．昭和36年頃までは全国共通の枝肉評価基準がなく，各地域の取引慣行にならう状態であった．しかし，大量かつ広域的な流通や取引上共通の情報を得る点などから，全国共通の取引規格の設定は流通の指標としては重要であり，不可欠なものであった．

昭和35年に畜産物取引規格設定協議会が発足し，昭和36年（1961年）に取引規格が設定された．現在行われている牛肉，豚肉の格付は，「牛（豚）枝肉取引規格」と「牛（豚）部分肉取引規格」で，格付機関として公益社団法人日本食肉格付協会が業務を行っている．

2.5.1　牛枝肉取引規格

従来の取引規格は，枝肉重量，外観，肉質の3基準によって等級決定を行ったが，昭和63年（1988年）の改正によって，歩留等級と肉質等級の分離評価方式に移行した．この規格は品種・年齢にかかわらず，雌，雄，去勢のいずれの枝肉にも適用するが，子牛の枝肉には適用しない.

1）歩留等級

「牛部分肉取引規格の分割・整形方法による部分肉重量の枝肉重量に対する多寡を歩留とする」という定義を基本としている.

左半丸枝肉を第6～第7肋骨間の切開面で，胸最長筋（ロース芯），面積（cm²）ばらの厚さ（cm），皮下脂肪の厚さ（cm）および半丸枝肉の重量（kg）の4項目の数値を表2.3歩留基準値の算式より求め基準値を決める．その結果，72以上のものを「A」，69～72未満のものを「B」，69未満のものを「C」の3つの等級に区別する．ただし肉用種の枝肉はさらに2.049を加算して基準値としている．なお，歩留基準値の加算対象となる肉用種とは，黒毛和種，褐毛和種，日本短角種および無角和種の4品種，並びにこの4品種間の交雑牛とする.

表2.3 牛枝肉取引規格の適用条件
（歩留り基準値の算定式）

歩留基準値＝67.37	＋〔0.130×胸最長筋面積（cm²）〕
	＋〔0.667×「ばら」の厚さ（cm）〕
	－〔0.025×冷と体重量（半丸枝肉kg）〕
	－〔0.896×皮下脂肪の厚さ（cm）〕

公益財団法人　日本食肉格付協会

2）肉質等級

肉質は，「脂肪交雑」，「肉の色沢」，「肉の締まりおよびきめ」，「脂肪の色沢と質」の4項目について，第6～第7肋骨間の切開面で判定を行っている．

「脂肪の色沢と質」の判定のうち，色沢は切開面の皮下脂肪および筋間脂肪，質はこれらと枝肉の外面および内面脂肪の状態をみて判定している．

a）脂肪交雑

農林水産省畜産試験場（現：国立研究開発法人農業・食品産業技術総合研究機構畜産研究部門　以下農研機構畜産部門）で開発されたシリコーン樹脂性の牛脂肪交雑基準（ビーフ・マーブリング・スタンダード：B. M. S.）に基づいて5等級に判定している．

画像解析技術の進歩によりシリコーン製のB. M. S. の補完として「写真B. M. S.」が利用されている．等差級数によりNo.1～No.12の段階に区別している．

B. M. S. での判定は，「等級5」はNo.8以上No.12までの脂肪交雑のかなり多いものから始まり，「等級4」はNo.5以上No.7まで，「等級3」はNo.3とNo.4，「等級2」はNo.2，「等級1」はNo.1で脂肪交雑はほとんどないものとしている．

表2.4　脂肪交雑の等級区分

等　級		B. M. S. No.	脂肪交雑評価基準
5	かなり多いもの	No.8～No.12	2^+ 以上
4	やや多いもの	No.5～No.7	1^+～2
3	標準のもの	No.3～No.4	1^-～1
2	やや少ないもの	No.2	0^+
1	ほとんどないもの	No.1	0

公益財団法人　日本食肉格付協会

b）肉の色沢

肉の色沢は色と光沢の複合判定で，肉の色については牛肉色の標準的な色値（明度，彩度および色相）を基礎とし，客観的評価が得られるように農研機構畜産部門で開発されたシリコーン樹脂性の牛肉色基準（ビーフ・カラー・スタンダード：B. C. S.）を用いて，5 等級区分に照合して判定している．B. C. S. は，No.1 から No.7 の色相と実際の肉色を肉眼で判定し，光沢を決定する．

表 2.5 肉の色沢の等級区分

等級		肉色（B. C. S. No.）	光沢
5	かなり良いもの	No.3 〜 No.5	かなり良いもの
4	やや良いもの	No.2 〜 No.6	やや良いもの
3	標準のもの	No.1 〜 No.6	標準のもの
2	標準に劣るもの	No.1 〜 No.7	標準に劣るもの
1	劣るもの	等級 5 〜 2 以外のもの	

公益財団法人 日本食肉格付協会

c）肉の締まりおよびきめ

締まりは，筋肉中のタンパク質が含んでいる結合水が遊離して，筋肉切断面に浸出する浸出液の多少，切開面の陥没の程度に重点をおいて 5 等級区分に判定される．

筋肉中の水分が脂肪に置き換えられた脂肪交雑程度の高い肉は，保水性が高く，締まりも良い．若齢で筋肉中の水分の多いものは締まりが劣る．

きめは，筋肉を形成する 1 次筋束の太さといわれ，この太さが細かいか，粗いかで判定する．筋束が細かく，結合組織によって厳密に結合しているものは，筋肉の切断面もなめらかである．

締まりがかなり良く，きめがかなり細かいものを5等級とし，やや良く，細かいものは4等級，標準のものを3等級，標準に準ずるものは2等級，締まりが劣り，きめの粗いものは1等級としている．

d）脂肪の色沢と質

脂肪の色沢と質は，色，光沢，質の複合によって判定をするが，脂肪の色については，農研機構畜産部門で開発されたシリコーン樹脂製の牛脂肪基準（ビーフ・ファット・スタンダード：B. F. S.）によって判定し，副次的に光沢，質を判定し等級を決定している．

B. F. S. はNo.1を白色とし，クリーム色から黄色のNo.7までとしている．

e）肉質等級の区分と等級呼称

肉質等級は「脂肪交雑」，「肉の色沢」，「肉の締まりおよびき

表2.6　脂肪の色沢と質の等級区分等級区分

等級		肉色（B. F. S. No.）	光沢
5	かなり良いもの	No.1 ～ No.4	かなり良いもの
4	やや良いもの	No.1 ～ No.5	やや良いもの
3	標準のもの	No.1 ～ No.6	標準のもの
2	標準に劣るもの	No.1 ～ No.7	標準に劣るもの
1	劣るもの	等級5～2以外のもの	

公益財団法人　日本食肉格付協会

め」,「脂肪の色沢と質」の4項目について判定し，その項目別等級のうち，最も低い等級がその肉質の等級として格付される.

3）規格の等級表示

規格の等級表示は，歩留等級と肉質等級のそれぞれを連記表示する.

表 2.7 牛枝肉取引規格の等級と表示

歩留等級	肉質等級				
	5	4	3	2	1
A	A5	A4	A3	A2	A1
B	B5	B4	B3	B2	B1
C	C5	C4	C3	C2	C1

公益財団法人 日本食肉格付協会

「A-5」と表示されたものは，歩留，肉質ともに最も良いと判定された牛肉で，特殊な方法で飼育された和牛や未経産牛を10～12ヵ月肥育した和牛などが多い.

表 2.8 瑕疵の種類区分と表示

瑕疵の種類	表示
多発性筋出血（シ　ミ）	ア
水　腫（ズ　ル）	イ
筋　炎（シコリ）	ウ
外　傷（アタリ）	エ
割　除（カツジョ）	オ
そ の 他	カ

公益財団法人 日本食肉格付協会

4）瑕疵の種類区分と表示

枝肉にある瑕疵（かし＝きずのこと）の種類は種々あり，その程度も様々で，程度表示が困難なことから，認められた瑕疵の種類と，歩留等級，肉質等級を連記表示する．なお，その他（カ）は，背割不良，骨折，放血不良，異臭，異色のあるもの，および著しく汚染されているもの等，ア～オに該当しないものである．

2.5.2　牛部分肉取引規格

近年，食肉需給規模の拡大，需給動向の多角化によって，食肉の流通形態は著しく変化し，牛肉は生体取引から枝肉取引へ，さらには部分肉流通へと変ってきたが，従来から流通している牛部分肉は，地方や製造業者によってその取引基準はまちまちであって，全国的に広域流通する商品としての形態ではなかった．

このような状況から，合理的な部分肉流通を図るために，全国共通の取引規格による格付を実施する必要性があって，昭和51年に部分肉取引規格が設定された．その規格は，①部分肉の分割およびその名称，②肉質等級および重量区分，からなっている．

1）部分肉の分割およびその名称

半丸枝肉は，定められた方法で，部分肉を生産する前段階で，「まえ」，「ともばら」，「ロイン」，「もも」の4部位に大分割される．「まえ」と「ともばら」（後躯）の分割は第6～第7肋骨間で切断する．「ともばら」の分割は，後肢外側の大腿筋膜張筋の前縁に沿って腸骨の前端まで切り進み，腸骨の前端から背線とほぼ平行に切断して「ロイン・もも」とに分割する．

「ロイン」と「もも」の分割は，腎臓脂肪を除去したのち，恥骨の前下方から「ヒレ」の後端を最後腰椎の部分まで切り離し，第1仙椎と最後腰椎との結合部において，背線とほぼ直角に，かつ椎骨と直角に切断して分割する．

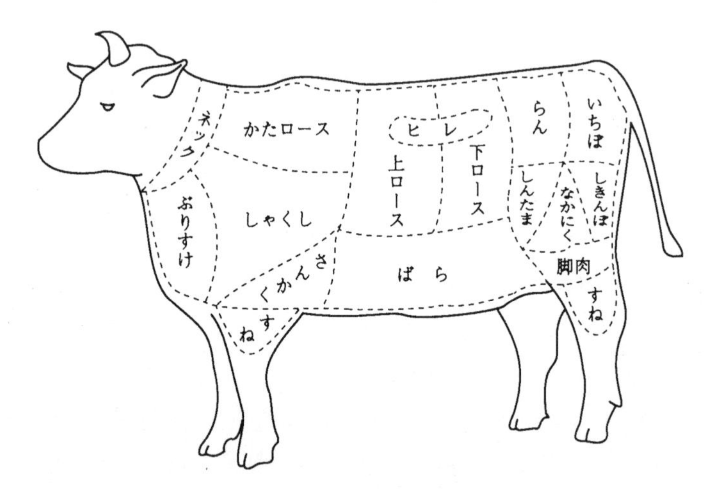

図 2.2　牛の分割図
(東京都中央卸売場年報畜産物編)

大部分で得られた「まえ」,「ともばら」,「ロイン」,「もも」から「ネック」,「かた」,「かたロース」,「かたばら」,「ヒレ」,「リブロース」,「サーロイン」,「ともばら」,「うちもも」,「しんたま」,「らんいち」,「そともも」,「すね」の 13 の部分肉に小分割し，内蔵している骨を除骨したものが規格の対象になる.

2）整　　形

各部分肉の内面や外面に付着している血液，リンパ節，うすかわ，肉汁，腱，靭帯およびその他汚染されているところの肉や脂肪を除去して，商品形態を整えるため整形をする.

3）肉質等級

枝肉取引規格に連動して,「特選」,「極上」としていた等級区

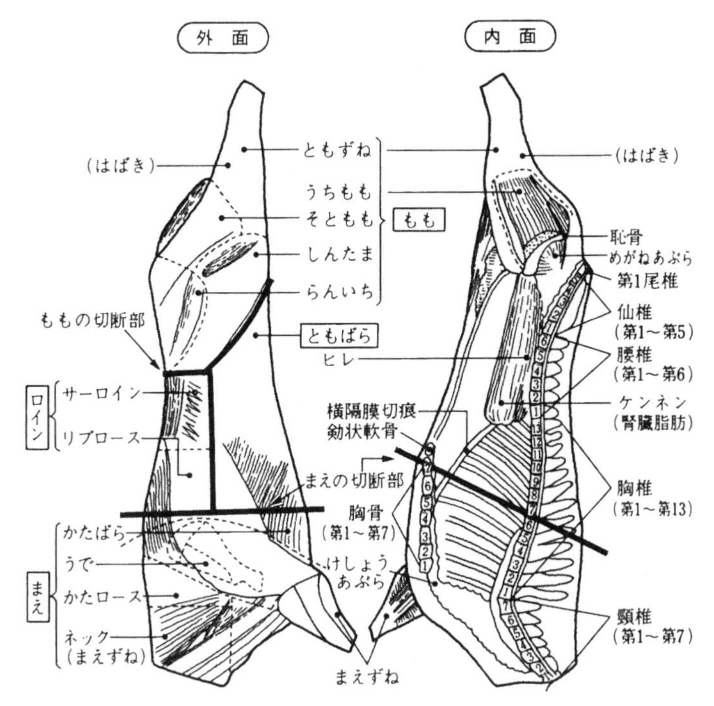

図 2.3　牛と体の分割整形方法

(日本食肉流通センター)

分は，牛枝肉取引規格により格付された枝肉の肉質等級をそのまま適用し，1～5の等級表示に改められた．

4）重量区分

重量区分はあらたに規格して定めたもので，「S」，「M」，「L」の3区分を設けた．ただし「ヒレ」については2区分とし，「ネック」，「ともばら」，「すね」については重量の大小が必ずしも流通上必要でないことから除外されている．

2.5.3　牛枝肉格付結果

平成28年（2016年）の牛の格付頭数は，89万404頭で，格付がされないのは，地方の小規模食肉センターなどの扱い分で，相対取引や自家用などとなっている．

平成28年の格付構成は和牛去勢が23万5,152頭（26.4%）で最も多く，次いで和牛の雌の19万519頭（21.4%），乳用牛（去勢）の18万9,925頭（21.3%）になっている．

格付結果は，全体では等級「B-2」が最も多く21万1,958頭（23.8%），次いで「A-4」が16万3,493頭（18.4%）と，この2等級で42.2%を占めている．

歩留等級では「A」が38万9,845頭（43.8%），「B」が34万2,613頭（38.5%），「C」が15万7,945頭（17.7%），肉質等級では「2」が33万8,047頭（38.0%），「4」が19万5,874頭（22.0%），「3」の18万2,763頭（20.5%）の順になっている．また，和牛去勢では「A-4」が最も多く9万5,292頭（40.5%）であり，次いで「A-5」が8万489頭（34.2%）となっている．平成10年代は「A-5」は5%前後で推移していたものが，平成26年以降は「A-5」の格付け頭数が増加しており，全体の10%を超えていることから，歩留り評価が「A」で肉質等級が「4」，「5」で評価される枝肉が多くなってきている．

この背景には消費者の高級志向とTPPに対応する「攻める農業」政策による生産者の飼育技術力の向上が一つにある．

2.5.4　豚枝肉取引規格

規格の等級は，「極上」，「上」，「中」，「並」，「等外」の 5 段階とし，円滑な流通と適正な価格の形成を行うために，枝肉の形を一定にすることが必要で，解体整形方法が統一された．

解体整形方法は，「皮はぎ」と「湯はぎ」があり，「皮はぎ」の場合，

①はく皮は真皮の内部に沿って行う

②頭と頸（くび）は後頭骨端と第 1 頸椎との間で切断する

③内臓は腎臓を枝肉に残してとり出す

④肢端，尾はそれぞれ定められた部位で切断する

と定めている．

この規格は，定める解体整形方法によって整形した皮はぎ，湯はぎの冷却枝肉または温枝肉を対象とし，品種，年齢，性別にかかわらず適用し，背脂肪の厚さは，第 9 〜第 13 胸椎関節部直上における背脂肪の薄い部位の厚さの測定値で表している．

この規格の運用は，まず測定した枝肉重量と背脂肪の厚さによる等級の判定表によって，該当する等級を判定し，次いで外観，肉質の各項の条件によって等級を決定する．

外観では「均称」，「肉づき」，「脂肪付着」，「仕上げ」，肉質では「肉の締まりおよびきめ」，「肉の色沢」，「脂肪の色沢と質」，「脂肪の沈着」の項目について，等級別に細かく内容が定められている．

等級「極上」のものは，皮はぎの枝肉で，重量 35 〜 39 kg，背脂肪 1.5 〜 2.1 cm，外観は長さ，広さが適当で厚く，もも，

表 2.9 豚枝肉取引規格

【外 観】

等級	均称	肉づき	脂肪付着	仕上げ
極上	長さ，広さが適当で厚く，もも，ロース，ばら，かたの各部がよく充実して，釣合の特に良いもの	厚く，なめらかで肉づきが特に良く，枝肉に対する赤肉の割合が脂肪と骨よりも多いもの	背脂肪及び腹部脂肪の付着が適度のもの	放血が十分で，疾病などによる損傷がなく，取扱の不適による汚染，損傷などの欠点のないもの
上	長さ，広さが適当で厚く，もも，ロース，ばら，かたの各部が充実して，釣合の良いもの	厚く，なめらかで肉づきが良く，枝肉に対する赤肉の割合が，おおむね脂肪と骨よりも多いもの	背脂肪及び腹部脂肪の付着が適度のもの	放血が十分で，疾病などによる損傷がなく，取扱の不適による汚染，損傷などの欠点のほとんどないもの
中	長さ，広さ，厚さ，全体の形，各部の釣合において，いずれにも優れたところがなく，また大きな欠点のないもの	特に優れたところもなく，赤肉の発達も普通で，大きな欠点のないもの	背脂肪及び腹部脂肪の付着に大きな欠点のないもの	放血普通で，疾病などによる損傷が少なく，取扱の不適による汚染，損傷などの大きな欠点のないもの
並	全体の形，各部の釣合ともに欠点の多いもの	薄く，付着状態が悪く，赤肉の割合が劣っているもの	背脂肪及び腹部脂肪の付着に欠点の認められるもの	放血がやや不十分で，多少の損傷があり，取扱の不適による汚染などの欠点の認められるもの

【肉 質】

等級	肉の締まり及びきめ	肉の色沢	脂肪の色沢と質	脂肪の沈着
極上	締まりは特に良く，きめが細かいもの	肉色は，淡灰紅色で，鮮明であり，光沢の良いもの	色白く，光沢があり，締まり，粘りともに特に良いもの	適度のもの
上	締まりは良く，きめが細かいもの	肉色は，淡灰紅色で又はそれに近く，鮮明で光沢の良いもの	色白く，光沢があり，締まり，粘りともに良いもの	適度のもの
中	締まり，きめともに大きな欠点のないもの	肉色，光沢ともに特に大きな欠点のないもの	色沢普通のもので，締まり，粘りともに大きな欠点のないもの	普通のもの
並	締まり，きめともに欠点のあるもの	肉色は，かなり濃いか又は過度に淡く，光沢の良くないもの	やや異色があり，光沢も不十分で，締まり粘りともに十分でないもの	過少か又は過多のもの

等外
1. 以上の等級のいずれにも該当しないもの
2. 外観又は肉質の特に悪いもの
3. 黄豚又は脂肪の質の特に悪いもの
4. 牡臭その他異臭のあるもの
5. 衛生検査による割除部の多いもの
6. 著しく汚染されているもの

公益財団法人 日本食肉格付協会

表 2.10　半丸重量と背脂肪の厚さの範囲

等級	重量（kg）	背脂肪（cm）
極上	35.0 以上 ～ 39.0 以下	1.5 以上 ～ 2.1 以下
上	32.5 以上 ～ 40.0 以下	1.3 以上 ～ 2.4 以下
中	30.0 以上 ～ 39.0 未満	0.9 以上 ～ 2.7 以下
	39.0 以上 ～ 42.5 以下	1.0 以上 ～ 3.0 以下
並	30.0 未満	0.9 未満　2.7 超過
	30.0 以上 ～ 39.0 未満	1.0 未満　3.0 超過
	39.0 以上 ～ 42.5 以下	
	42.5 超過	

公益財団法人　日本食肉格付協会

ロース，ばら，かたの各部がよく充実し，釣合が特に良く，肉づきは厚く，なめらかで，枝肉に対する赤肉の割合が脂肪と骨よりも多く，背脂肪，腹部脂肪の付着は適度で，仕上げは放血が十分で，疫病などによる損傷がなく，取扱いの不適による汚染，損傷などの欠点のないもので，肉質は，締まりが特に良く，きめは細かく，肉色は淡灰紅色で，鮮明であり，光沢がよく，脂肪は色白く，光沢があって，締まり，粘りとも特に良く，脂肪の沈着は適度のものとなっている．

2.5.5　豚部分肉取引規格

この規格は，豚部分肉が広く商品として流通するため，全国統一の規格とすることを基本方針として作成され，部分肉の分割およびその名称と等級および重量区分から成っている．

1）部分肉の分割およびその名称

半丸枝肉は定められた方法で分割・整形し，部分肉の名称は「かた」，「ヒレ」，「ロース」，「ばら」，「もも」の5部位とする．

「かた」の分割は第4～第5肋骨間で切断して分離する．「もも」と「ヒレ・ロース・ばら」の分割は，まず，恥骨の前下方で「ヒレ」の後端を最後腰椎の部分まで切り離した後，後肢外側の大腿筋膜張筋の前縁に沿って腹直筋を切り進み，第1仙椎と最後腰椎との結合部において，背線とほぼ直角に切断して分割する．「ロース」と「ばら」の分割は，肋軟骨を含まない第5肋骨の長さの1/3に相当するところで，背線と平行に切断する．

2）等級および重量区分

部分肉の等級は，各部分肉ごとの「肉質および形状」によって判定し等級は良いものを「Ⅰ」，難のあるものを「Ⅱ」としている．

「Ⅰ」は規格「極上」および「上」の枝肉から，「Ⅱ」は規格

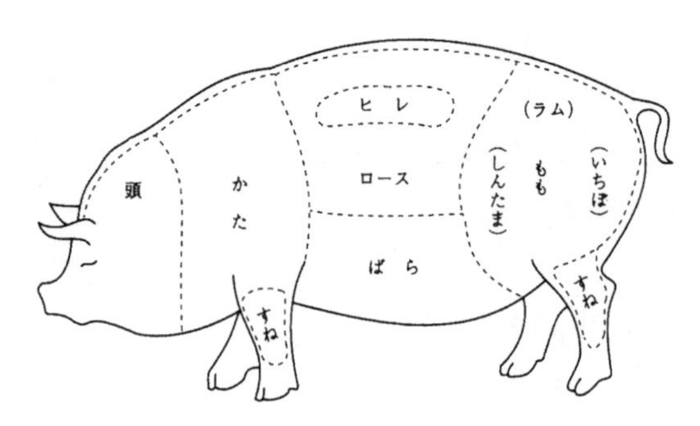

図 2.4　豚の分割図
（東京都中央卸売市場年報畜産物編）

「中」の枝肉からつくられたものであることを原則としている．

重量区分は部分肉の規格取引促進のため新設されたもので「S」，「M」，「L」の3区分としている．「ヒレ」については「S」と「L」の2区分とした．

等級「Ⅰ」の肉質および形状は，肉は締まりがあり，きめ細かく，肉および脂肪の色沢，質がいずれも良いもので，「かた」，「かたロース」では厚く，肉づきが良く，ロース芯の大きさおよび筋間脂肪の厚さの適度のもの．「うで」は肉づきの良いもの，「ヒレ」は太く，形状の良いもの，「ロース」は厚く，ロース芯の大きさおよび筋間脂肪の厚さの適度のもの，「ばら」は厚く，広く，肉づき一様で赤肉と脂肪の割合の適度のもの，「もも」は厚く，充実し，肉づきの良いものとなっている．

2.5.6　豚枝肉格付結果

（公財）日本食肉格付協会の統計では，平成28年（2016年）の豚の格付頭数は，1,241万1,525頭で，平成20年（2008年）から1,200万頭台で推移している．地方の小規模食肉センターなどでの扱いは，相対取引や自家用などのため格付がなされていない．

平成28年の格付結果は，「上」609万9,284頭（49.1％），「中」411万3,169頭（33.1％），「並」159万5,909頭（12.9％），「等外」58万,723頭（4.7％），「極上」2万2,440頭（0.2％）であり，格付の結果比率も大きな変動はなかった．

2.6　畜肉の価格

畜産物の価格安定を図ることを目的に，1961年（昭和36年）に「畜産物の価格安定等に関する法律」（略称「畜安法」）が定められ，この法律によって指定食肉の価格の安定が図られている．

指定食肉とは，牛肉，豚肉の枝肉格付規格に適合したもので，価格変動幅を縮小するという観点から，独立行政法人農畜産業振興機構（以下「機構」）が市場に介入して食肉供給量を調整し，需給操作の目標価格として，安定基準価格および安定上位価格が定められている．

市価がこの範囲内になるよう，機構が買入れや売渡しを行い，さらに売買操作による効果を補完する意味から，生産者団体による自主調整措置がとれるようになっている．

安定価格は，食肉の価格が低落するのを防止することを目的とする安定基準価格と，価格が高騰するのを防止することを目的とした安定上位価格からなり，この間を安定価格帯とよび，農林水産大臣が食料・農業・農村政策審議会に諮問して，その年度の開始前に定めて決定することになっている．

基準となる価格は，東京23区と大阪市にある中央卸売市場での売買価格で，平成29年度（2017年）は皮はぎ法による豚肉は，枝肉1 kgについて安定基準価格440円，安定上位価格595円，牛肉については，半丸枝肉1 kgについて安定基準価格900円，安定上位価格1,215円となっている．

機構による指定食肉の買入れは，価格安定の目的が達成されるまでは買入れを行うことを建前としているが，買入れ量が増加すると資金の関係で買入れ量を制限することもあるとされている．

買入れは，中央卸売市場や指定市場における市場買入れと，市場外での産地買入れとがある．買入れ価格は，安定価格が定められている中央卸売市場では安定基準価格で，その他の市場や産地では，安定基準価格を基準として法令によって算出される価格となっている．

機構は，買入れ保管した食肉を，価格が高騰した場合に，これを抑制するために売渡すことになっている．売渡しの指標となるのは安定上位価格で，市場価格が安定上位価格を越えて高騰し，または高騰するおそれがあると認められる場合に売渡しが行われる．

牛肉については，この場合のほか，農林水産大臣の指示する方針に従って売渡しが行われる．

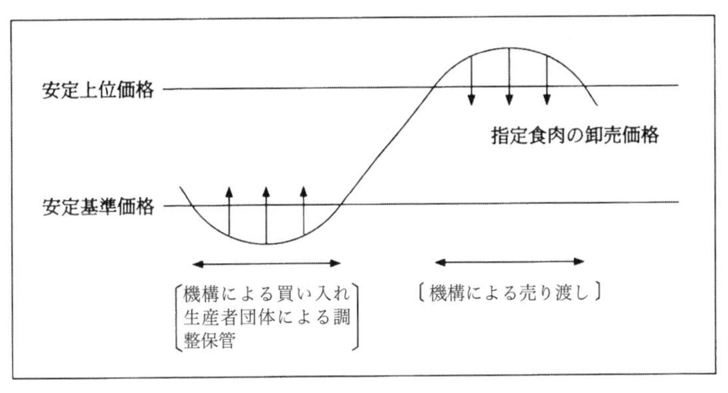

図 2.5　食肉（牛肉，豚肉）の価格安定制度の概念図

表 2.11 指定食肉の安定価格の推移

平成年度	去勢牛肉（円 /kg）		豚肉（円 /kg） 皮はぎ法により整形したもの		豚肉（円 /kg） 湯はぎ法により整形したもの	
	安定基準価格	安定上位価格	安定基準価格	安定上位価格	安定基準価格	安定上位価格
17	780	1,010	365	480	340	445
18	780	1,010	365	480	340	445
19	780	1,010	365	480	340	445
20（当初）	790	1,025	380	515	355	480
20（期中改定）	815	1,060	400	545	375	505
21	815	1,060	400	545	375	505
22	815	1,060	400	545	375	505
23	815	1,060	400	545	375	505
24	815	1,060	400	545	375	510
25	825	1,070	405	550	380	510
26	850	1,105	425	570	395	530
27	865	1,125	440	590	405	550
28	890	1,155	445	600	415	560
29	900	1,215	440	595	410	555

資料：農林水産省「食料・農業・農村政策審議会」
注：消費税を含む

参考文献

1) 食の科学，No.121，特別企画「ニュー・バイテクの食品利用」
2) 肉の科学，Vol,31，No.1，日本食肉研究会 (1990)
3) 自家製ハム・ソーセージ手づくり入門，畜産食品流通企画研究所 (1981)
4) 食の科学，No.38，特別企画「牛肉」，丸ノ内出版 (1977)

5) 卸売市場法研究会編，改訂市場流通便覧，大成出版社 (1984)
6) 日本食肉加工情報，No.479，（社）日本食肉加工協会 (1990)
7) 日本食肉加工情報，No.480，（社）日本食肉加工協会 (1990)
8) 日本食肉加工情報，No.482，（社）日本食肉加工協会 (1990)
9) 日本畜産学会関東支部会報 No.40 (1989)
10) 日本畜産学会関東支部会報 No.41 (1990)
11) 森田重広，畜肉とその加工，建帛社 (1986)
12) 銘柄豚肉ハンドブック 2016，食肉通信社 (2016)
13) 食肉の知識，公益社団法人日本食肉協議会 (2013)
14) 牛枝肉取引規格の概要 平成 26 年，公益社団法人日本食肉格付協会 (2014)
15) 豚枝肉取引規格の概要 平成 26 年，公益社団法人日本食肉格付協会 (2014)
16) 国産食肉の安全・安心 One World One Health，公益社団法人日本食肉消費総合センター (2015)
17) 野生鳥獣肉の衛生管理に関する指針（ガイドライン），厚生労働省医薬食品局 (2014)
18) 畜産便覧　平成 19 年度板，（社）中央畜産会（現（公社）中央畜産会）(2007)
19) 東京都中央卸売市場 市場統計情報，食肉 (2016)

3.　畜肉の栄養と科学

3.1　筋肉の組織

筋肉は骨格全体を覆う横紋筋のほかに，内臓などに分布する平滑筋や心臓を構成する心筋の 3 種類に分けられる．

横紋筋は骨格筋あるいは随意筋とよばれ，伸びたり縮んだりなどの運動を行う器官で，運動に必要なエネルギーを貯えており，食品として重要な栄養素を豊富に含んでいる．

食肉として利用されるのは主として横紋筋で，生体の 30 ～ 40%を占めている．横紋筋は筋線維と間質から構成される．筋線維は 50 ～ 150 本ずつ集まり，薄い膜で覆われ，第 1 次筋束を形成している．これが数十個集まりやや厚い膜で覆われた第 2 次筋束を形成し，さらにはこれが多数集まって筋肉組織となり，周囲は強い膜で覆われ，両端は腱となって骨膜に密着している．

筋線維間の薄い膜は筋内膜，第 1 次筋束の周囲の膜を内筋周膜，第 2 次筋束の周囲の膜を外筋周膜といって，これらは結合組織で構成されている．

肉の断面の外観は，筋束の断面積のほかに，筋周膜の厚さや筋周膜内における脂肪の沈着量に左右され，脂肪が沈着していない厚い筋周膜の肉は粗く，反対に脂肪の沈着した肉は繊細に見える．

霜降り肉は特別の肥育を行った結果，内筋周膜や外筋周膜に脂肪が沈着したもので，筋周膜を構成している強靭な結合組織が，脂肪組織に置換されたことになり，肉質は特に軟らかい．

3.1.1 筋線維

筋組織は筋細胞からなり，これは細長い糸状を呈しているので筋線維とよばれる．これらは直径約 10 ～ 100 μ（ミクロン 1μ = 1,000 分の 1 mm），長さは数 cm から 10 数 cm に及んでいる．

筋線維の周囲は筋鞘（きんしょう）とよばれる薄い細胞膜で覆われ，その中は明暗の規則正しい横紋をもっている多数の筋原線維と核などの構成物質からなり，その間を膠質（こうしつ）溶液性の筋鞘で満たされている．

筋鞘は多量のミオゲンとよばれるタンパク質の混合物やグリコーゲン，脂質などを含み，筋原線維に運動エネルギーを供給している．

3.1.2 結合組織

筋線維を束ねている筋周膜は結合組織からなり，ここに血管，神経，リンパ管などが分布している．結合組織は動物の体に最も広く分布し，各細胞や臓器を結合する強力な機能を持っており，膠原線維，弾性線維，細網線維から構成されている．

膠原線維は極めて柔軟で，けん引力に対しては強いが，伸張性に欠け，熱に対しては 60℃で 1/3 ～ 1/4 に収縮，ゴム状になり，また水を加えて加熱すればニカワを生じる.

弾性線維は膠原線維などともに網状構造を形成し，筋肉組織の外筋周膜や血管壁に多く認められ，老齢になるに従って増加の傾向がみられ，酸やアルカリ，また加熱に対して極めて侵されにくく，肉を硬くする一因となっている．しかしペプシン（タンパク質分解酵素）では徐々に，パパイン（パパイヤの果実から得られたタンパク質分解酵素）では容易に消化される.

3.1.3 脂肪組織

脂肪組織は，皮下や臓器の周囲，腹腔などに多量に付着し，脂肪の蓄積，体温の保持，臓器の保護などの役割をし，肉に沈着すれば味は良くなり，肉質も軟らかさが向上する.

3.2 畜肉の成分

3.2.1 化学的性状

畜肉に含まれる成分の主なものには，水分，タンパク質，脂質（脂肪），灰分などがあげられる．その他に無機物，ビタミンなどの微量成分も含まれているが，これらの成分は動物の種類，品種，性別，筋肉部位，年齢，季節，飼料，労役の程度，栄養状態，健康状態，分析試料の採取方法，と畜後の経過時間などによっても異なってくる.

また成分のうち，エネルギー源となる脂肪やグリコーゲンなど

表 3.1 畜肉の主要栄養成分（可食部 100g あたり）

	エネルギー	水分	タンパク質	脂質	灰分	カルシウム	マグネシウム	リン	鉄	レチノール	ナイアシン	飽和脂肪酸	不飽和脂肪酸
	Kcal	g	g	g	g	mg	mg	mg	mg	μg	mg	g	g
和牛サーロイン　皮下脂肪なし　生	456	43.7	12.9	42.5	0.6	3	13	110	0.8	3	4.0	14.64	23.34
和牛サーロイン　赤肉　生	317	55.9	17.1	25.8	0.8	4	18	150	2.0	2	5.3	9.14	13.91
乳用肥育牛サーロイン　皮下脂肪なし　生	270	60.0	18.4	20.2	0.9	4	17	170	0.8	7	5.9	8.23	10.23
乳用肥育牛サーロイン　赤肉　生	177	68.2	21.1	9.1	1.0	4	20	190	2.1	5	6.7	3.73	4.65
輸入牛肉サーロイン　皮下脂肪なし　生	238	63.1	19.1	16.5	0.9	4	20	170	1.3	8	5.4	7.42	6.81
輸入牛肉サーロイン　赤肉　生	136	72.1	22.0	4.4	1.0	4	23	190	2.2	4	6.2	1.65	2.00
大型豚ロース　皮下脂肪なし　生	202	65.7	21.1	11.9	1.0	5	24	200	0.3	5	8.0	4.74	6.10
大型豚ロース　赤肉　生	150	70.3	22.7	5.6	1.1	5	26	210	0.7	4	8.6	2.07	2.83
中型豚ロース　皮下脂肪なし　生	216	64.6	20.6	13.6	1.0	4	23	190	0.2	5	7.9	5.26	7.24
中型豚ロース　赤肉　生	141	71.2	22.9	4.6	1.1	4	26	210	0.6	4	8.8	1.55	2.36
馬肉　赤肉　生	110	76.1	20.1	2.5	1.0	11	18	170	4.3	9	5.8	0.80	1.28
マトンロース　脂身つき　生	225	68.2	19.8	15.0	0.8	3	17	180	2.7	12	5.9	6.80	5.52
ラムロース　脂身つき　生	310	56.5	15.6	25.9	0.8	10	17	140	1.2	30	4.2	11.73	10.39

文部科学省・学術審議会　日本食品標準成分表 2015 年版（七訂）

の貯蔵物質は変動が激しいが，無機物やタンパク質などの基礎物質は変動が少ない．

1) 性別による差異

栄養状態が良いと外筋周膜の血管のまわりから脂肪の沈着が起こり，次いで内筋周膜に沈着し，脂肪交雑が生じていわゆる霜降り肉ができる．

牛肉の霜降り肉は雌に多く，雄では脂肪の交雑が悪いが去勢することによって交雑をみることができる．乳牛の雄は種雄牛以外は乳用としての利用価値は全くないが，去勢することによって肉用としての利用が可能になる．

雄の肉は結合組織がよく発達しているため硬い．これは結合組織の主成分であるタンパク質のコラーゲンやエラスチンが，酸・アルカリや酵素に対して分解しにくいためである．肉を長く煮ると軟らかくなり，筋線維が離れやすくなるのは，結合組織の主成分であるコラーゲンが，熱湯中で長時間加熱することで，可溶性のゼラチンに分解するためである．

すね肉はカレーやシチューなどによく調理されるが，すね肉中のコラーゲンを長時間煮て結合組織を可溶性のゼラチンにし，筋線維をほぐしやすくすることで利用が可能になる．

また雄の肉は雌の肉よりも赤色が濃いが，これは赤色を呈するヘム色素（ヘモグロビンの色素部分に相当する物質）の量が多いためである．

2) 日齢・年齢による差異

一般に若い動物の肉は水分が多く脂肪が少ないが，成長するに従って水分は減少し，脂肪が増えてくる．

ヘム色素は若いうちは少なく赤色が淡いが，年齢と共に濃くなってくる．

結合組織は若齢のうちは不溶性コラーゲンが少ないが，成長するにつれて結合組織がよく発達して，肉は硬くなる．

肉の風味に関係するエキス分の量は日齢・年齢とともに増加する．若い動物の肉はエキス分が少なく水分が多いため，肉の味は淡白である．

3）　動物の種類による差異

肉の風味のうち水溶性の成分は肉類に共通しているが，動物特有の風味は脂肪と密接な関係があるといわれる．めん羊肉が日本人に好まれないのは，脂肪中のカプリル酸，ペラルゴン酸などの中鎖飽和脂肪酸による不快な特異臭のためといわれている．

すき焼き用の牛肉は，脂肪の交雑したものが要求されるが，これは融出した脂肪と，肉のエキス分で野菜類をうまく味つけして，牛肉の風味を上手に利用したわが国の代表的な料理といえよう．

欧米では脂肪交雑の少ない牛肉を，ステーキとして食べているが，これは肉の周囲を焼くことで，エキス分を肉中に閉じこめ，ソース類などで肉のうま味を一層助長させて賞味している．

牛肉は加工用としてもよく利用されるが，これは赤肉の部分の結着性が良いことによる．

豚肉は肉加工品の中心的な原料肉であるが，牛肉や羊肉に比べて色素タンパク質が少なく肉の赤色は淡く，脂肪は高度不飽和脂肪酸が多いため酸敗しやすい.

馬肉は一般に結合組織が発達しているため，硬く，色も濃く，結着性も悪い．このため加工原料としての利用度は低い．またグリコーゲン含量が多く，脂肪の融点が低いなどの特徴がある.

兎肉は結着性のよい特徴を有し，プレスハムなどのつなぎ肉として利用されている.

4) 品種による差異

世界的に食肉の需要が増大するなかで，生産者側は産肉能力の向上に重点をおいて，品種の改良が進められてきたが，近年は肉質の良いものが求められ，豚などでは銘柄豚を生産する努力がなされている．品種間の差異が明瞭であることが，品種改良の結果として望ましいことである.

肉質評価に客観性を与えるため，理化学的方法で保水性，肉色，脂肪色，脂肪融点や一般化学的組成について調べられているが，数値のうえでは差異が認められても，官能検査では改良した品種間の差異は数値ほど明瞭には識別できにくい場合が多い.

3.2.2 タンパク質

三大栄養素（脂肪，糖質，タンパク質）の一つであるタンパク質は筋肉の可食部の中で水に次いで含有量の多い成分で，約20%を占め，各種のアミノ酸から構成されている.

筋肉組織を中等度の塩溶液（例えば5%の塩化ナトリウム溶液）で処理すると筋肉タンパク質は肉基質部分が不溶性部分として残り，筋原線維などが溶出されてくる.

塩溶液で抽出されるタンパク質は，筋原線維や，それを囲む筋漿を構成しているタンパク質である．筋原線維を構成するタンパク質には，ミオシン，アクチンがあり，ミオシンとアクチンが結合してアクトミオシンと呼ばれる複合体になる．このことが筋肉収縮に関与するといわれている．ミオシンは筋線維の基本をなし筋肉タンパク質中の40～50%を占めている．ミオシンはATPを再生する触媒作用を有していることも明らかになっており，ほぼすべての哺乳類，鳥類，魚類の筋肉中に含まれている．筋漿に存在するタンパク質は，水にも可溶なミオゲンなどで，約30%占めている．

不溶性の肉基質部分は，結合組織や血管などを形成し，それらの構成タンパク質はコラーゲンやエラスチンとよばれ，20～30%を占めている．

筋肉タンパク質には塩溶性や水溶性のものがあるので，加工における塩漬や調理の際，タンパク質が損失することをできるだけ少なくすることが大切である．加工や調理にあたっては，タンパク質の性質を考慮することによって，損失を最小にとどめるよう条件設定をすることが望ましい．

筋肉は普通赤色をしているが，これは肉中に含まれる色素タンパク質のミオグロビンとヘモグロビンによるものである．ミオグロビンはグロビンというタンパク質と，鉄を含む赤い色素ヘム1分子とが結合した色素タンパク質であり，ヘモグロビンは同様にグロビンとヘム4分子とが結合した色素タンパク質である．ミオグロビンとヘモグロビンはともにヘムを含むので，ヘム色素とよばれている．肉中に含まれるヘム色素量は，牛肉のように赤色の濃いものは0.4～0.5%前後，豚肉のように赤色の薄いもので0.1～0.2%前後の場合が多い．

3.2.3 脂　肪

動物の脂肪は，皮下，腎臓周囲，筋肉間などに存在する蓄積脂肪と，筋内組織や臓器組織の中に入り込んでいる組織脂肪に分かれており，性状は品種，年齢，飼料，部位によって著しく異なっている．

蓄積脂肪の約90%は中性脂肪で，栄養状態がよく肥育した筋肉は，脂肪の蓄積が，皮下，内臓周囲からさらに筋鞘，筋周膜までに及んで，いわゆる霜降り肉の状態を呈する．

三大栄養素の一つである脂質は，動物の肉や魚，または植物の種や根などの食される部分に多く含まれており，含まれる種類も異なる．肉の脂質には，コレステロールと中性脂肪（トリグリセリド：TG）が多く含まれている．

コレステロールの摂取には脂質運搬作用のあるリノール酸を併せてとることなどの配慮が望ましいとされている．

コレステロールは，生体内では欠かせない成分であり，ヒトでは肝臓で生合成され，細胞の構成成分や，ホルモン，胆汁酸の原料になり，そのほとんどがLDL（低密度リポタンパク質）により末梢組織に運ばれる．しかし，LDL - コレステロールが多くなると末梢組織により多くのコレステロールが運ばれるので動脈硬化を引き起こすと言われ，逆に，余分なコレステロールを末梢組織から除去することができるのがHDL（高密度リポタンパク質）と言われている．

最近の研究では飽和脂肪酸のパルミチン酸にはコレステロールの上昇作用はなく，ステアリン酸には血中LDLを減らし，HDLを増加させる作用があることが明らかになっている．

中性脂肪を構成する脂肪酸は，飽和脂肪酸と不飽和脂肪酸に大別され，不飽和脂肪酸のうちリノール酸，リノレン酸，アラキドン酸は，動物細胞の代謝機能にかかわる重要な役割を担っているため，必須脂肪酸とよばれている．

組織脂肪は，リン脂質とコレステロールおよび糖脂質が主体で，リン脂質は筋肉の運動量にかかわりがあり，代表的なものにレシチンがある．肥育がすすむと中性脂肪が増え，リン脂質が減少する．

1） 豚脂（ラード）

豚脂は健康な豚の脂肪組織から抽出したもので，融点（脂肪をゆっくり融解すると，固体と液体の状態が共存するようになるが，このときの温度をさす）は36～48℃，脂肪酸組成は，ミリスチン酸0.7～1.1%，パルミチン酸26～32%，ステアリン酸12～16%，オレイン酸41～51%，リノール酸6～8%で，かすかな特有の香りや温和な味がある．

脂肪を含まないでん粉質飼料を与えると豚脂は硬くなり，大豆，ナタネなどの油粕を与えると軟らかくなる．魚粕を多く与えると脂肪は軟らかくなると共に，異臭や黄味を帯び，いわゆる黄豚の原因になる．また牛脂や羊脂に比べて軟質で，不飽和脂肪酸も多く，比較的酸化変質が早い．

2) 牛脂（ヘット）

牛脂は淡黄色または白色の硬脂で，脂肪酸組成はミリスチン酸2.0～2.5%，パルミチン酸24～33%，ステアリン酸24～29%，オレイン酸41～45%，リノール酸2～3%である．

3) 羊　　脂

性質は牛脂に似ているが，融点は牛脂よりも高い．組成はステアリン酸25～32%，パルミチン酸20～28%，オレイン酸36～47%であるが，短鎖の揮発性脂肪酸を含んでいて，これが羊脂特有の臭気の原因となっている．

3.2.4 ビタミン類・ミネラル類

肉はビタミンB群の供給源として優れている．特に豚肉にはB1が比較的多く含まれており，調理上はB1が熱に弱く水に溶けやすいことを考慮して，揚げものとして利用するなどが望ましい．

食肉の鉄はヘム鉄として存在するため，野菜類に含まれる非ヘム鉄より吸収や体内利用率は高いとされている．また亜鉛の供給源としても重要である．

3.2.5 エキス分

肉を煮出したときに溶出してくる成分を広義のエキス分と称し，この中から無機物，タンパク質，脂質，ビタミンを除いた有機物を狭義のエキス分とよぶ．この有機物の中には窒素を含む化合物（非タンパク質態窒素化合物）が多く，その窒素が塩基性を示すアミノ基またはイミノ基の形で含まれる場合が多いので，この有機物を肉塩基ともいう．

非タンパク質態窒素化合物は筋肉の代謝作用に直接関係する一方，肉やエキス分のうま味成分の主要成分となっている．主要なものにクレアチンリン酸，アデノシン三リン酸（ATP），クレアチン，カルノシン，尿素，アミノ酸がある．

食肉中のタンパク質には，9種類の必須アミノ酸のうち，リジンは特に多く，トリプトファンやメチオニンも比較的多く含まれている．日本食のように穀類の摂取量が多い食事では，肉との組合せによってアミノ酸バランスが良くなるといわれている．また，タウリン，カルノシン，アンセリンなどの抗酸化作用を有するイミダドールペプチドも多く含まれている．

と畜直後の肉はATPの含量が多く，肉の保水性は非常に良好であるが，その後分解して含量が少なくなると，肉の保水性は急速に悪くなる．

窒素化合物には，筋肉収縮に重要な役割をしているクレアチン，肉エキスの呈味成分であるイノシン酸および各種アミノ酸，それらの前駆体であるヌクレオチドなどがある．これらの非タンパク質態窒素化合物の種類や量は，一般的に肉の熟成が進むに従って多くなり，また肉の腐敗が始まると様々なアミン類が生成されてくるようになる．

その他の有機物には炭水化物と有機酸がある．炭水化物は大部分がグリコーゲンで，有機酸は乳酸が多くを占めている．グリコーゲンは，筋収縮のエネルギー供給源で，と畜後は筋肉中のグリコーゲンは乳酸に変化し，筋肉の pH を低下させる．

3.3　畜肉の死後変化

3.3.1　死後硬直

と畜後の肉は生きている時と同様の軟らかさを保持しているが，一定時間を経過すると伸張性を失い硬くなる．この現象を死後硬直といい，動物の種類，年齢，と畜方法などによって，その程度は異なる．グリコーゲンやクレアチンリン酸のような ATP の再生源となる物質が多い個体は硬直の開始時間は延びる．

硬直は生きているときの筋肉の収縮と同様で，カルシウムイオンと ATP が関与してミオシンとアクチンが結合するために起きるが，その反応は緩慢である．

硬直の過程でクレアチンリン酸が残存している場合は，ATP の供給は継続するが，ATP 再生のエネルギー源がなくなると ATP 含量は急激に低下する．その結果，生きている時の筋肉 pH は，中性（pH7.0 ～ 7.2）であるが，と畜後は筋肉への酸素の供給が断たれることから，筋肉中のグリコーゲンの乳酸化作用（グリコリシス＝解糖）が起こり，筋肉は酸性側に傾き，pH は低下していく．pH の作用はグリコリシスを進行させる酵素の働きが止まるまで続き，pH5.0 ～ 5.5 程度まで低下する．この状態を酸性極限の pH 域といい，この pH 域において，筋肉タンパク質ミオシンが乳酸などによって凝固を起こして，硬くなると考えられている．

死後硬直の過程は，はじめの筋肉伸張力消失期間を硬直開始前期，次いで急速な進行期を硬直期，その後の伸張力が少ない状態で進行が止まる時期を硬直後期といっている．

安静にしてと畜された動物の硬直は，酸硬直と称し，極めて長い硬直前期と速やかな硬直期が特徴で，最終 pH は 5.7 以下にもなる．一方，疲労状態でと畜された動物の硬直はアルカリ硬直と称し，硬直前期も硬直期も非常に短時間であることが特徴で，最終 pH も 7.2 前後であまり変化がみられない．

絶食状態でと畜された動物の硬直は，中間型硬直と称し，前期が短く硬直期が長く，pH 値は 6.3 ～ 7.0 の間である．これらはいずれも運動などの状態によって肉中のグリコーゲンが減少して，酸生成が少なく，酸性極限が高くなったためといわれている．

硬直完了に要する時間は，室温で牛馬では 12 ～ 24 時間，豚で 8 ～ 12 時間といわれ，低温に保存しておくと硬直完了は遅くなる．

一般に pH が低いと肉に付着する微生物数も少ないため，肉の貯蔵性は高く，肉色も良好になるのでと畜前の動物はできるだけグリコーゲンの消耗を起こさないよう配慮すべきである．

3.3.2　熟　　成

死後硬直後の肉は畜種，年齢，保管方法（温湿度）などにより異なるが，次第に解硬してくる．2～4℃で保管した場合牛で10～20日，豚で4～6日，鶏で12～24時間程度と言われている．

その間に肉中の自家酵素により筋原線維の構造を脆弱化させ，生成していた乳酸，リン酸などによりpHが低くなり微生物の汚染を抑えることができる．さらにタンパク質が分解されて旨味成分などの遊離アミノ酸が生成されてくる．これを熟成という．

熟成をしていない肉は，硬くて風味も悪く，保水性（肉が保持している水や添加した水を細切，撹拌，混合などの処理後も保持する能力）も悪いので，食用や加工に適さない．

熟成したものは軟らかく，風味もよく，保水性も回復するが，と畜直後の柔軟性に富んだ，膨潤してpHの高い，保水性のよい筋肉状態には及ばない．

結着性（肉塊あるいは細切肉に水や脂肪を添加して細切した場合，それらが相互に密着する性質）を特に必要とする加工品の場合は，と畜直後のまだ体温が下がらないうちに塩漬を行う「温加塩法」がとられるが，これはと畜直後の高い保水性や結着性を利用するためである．

熟成による肉の軟化については，筋原線維構造の変化に起因していると考えられている．

食肉を熟成すると軟らかくなり，味や香りもよくなって，肉質が大幅に改善されることは，食肉利用の長い歴史の中で経験的に得られた知識である．関西の銘柄和牛肉の中には，3週間熟成したことを表示し，それによって牛肉に付加価値を与えて売買している例もある．

したがって，他の生鮮食品と異なり鮮度は品質評価の基準にはならない．ただし，加工用原料としては保水性のよい新鮮なものが要求される．

熟成による軟化は，微生物の存在を必要としないので腐敗と区別し，自己消化とよんでいる．

熟成は保管温度に大きく影響され，高温では早く進行するが，低温では長時間を要する．熟成を早めるため高い温度の室温に放置することが考えられるが，肉の中心部は自己消化が始まっていても，表面は空気中の細菌が付着して繁殖し，表面から腐敗が生じるなどの不都合が起こるので，外部と中心部ともに平均的に熟成を進めるためには，低温であることが望ましい．

3.3.3　腐敗と変質

肉の腐敗は微生物の繁殖によって起こる．腐敗に関与する細菌の種類は多いが，一般に好気性菌の付着によって増殖が始まる．これらの微生物は水分，栄養，温度，pH などの環境条件が整えば繁殖して，筋肉や脂肪に対する分解作用などにより腐敗が進行する．

また処理や保管条件によって，不健全な状態に変わることがある．これを変質とよんでいる．変質の主なものには，以下のものがある．

酸　　化：油ヤケと称し，肉中の脂肪が酸化するもの．豚脂は黄変する．

色調変化：暗色に変色する．色素タンパク質の酸化が原因とされている.

ネト発生：肉の表面がベトつく状態で，腐敗の初期現象といわれている.

むれ肉：冷却不足の肉を積み重ねると，酸性発酵をして異臭を出す.

PSE 豚肉：弾力性や保水性が低く，肉色も薄く白っぽい．加工原料には不適で，と畜前の取扱いなどの原因により発生し，ふけ肉ともよんでいる.

参考文献

1) 食肉加工シリーズ，Vol.1，食肉資源と加工資材，光琳（1962）
2) 自家製ハム・ソーセージ手づくり入門，畜産食品流通企画研究所（1981）
3) 肉の科学，Vol.28，No.1，日本食肉研究会（1987）
4) 神谷　誠，畜産食品の科学，大日本図書（1974）
5) 肉の科学，Vol.26，No.2，日本食肉研究会（1985）
6) 肉の科学，Vol.29，No.1，日本食肉研究会（1988）
7) 肉の科学，Vol.28，No.2，日本食肉研究会（1987）
8) 原田一郎，油脂化学の知識，幸書房（1972）
9) 沖谷明紘ら，食肉の美味しさと熟成　調理科学，Vol.25，No.4（1992）
10) 清水　亘，清水　潮，食肉の化学　調理と加工の基礎，地球出版（1964）
11) 平野雅夫，鏡　晃，いまさら聞けない肉の常識，食肉通信社，（2000）

4.　畜肉の部位と特徴

4.1 牛　　肉

枝肉は「まえ」，「ともばら」，「ロイン」，「もも」に大分割され，さらに「まえ」は「かた」，「すね（まえずね）」，「かたばら」，「かたロース」，「ネック」に，「ロイン及びもも」は「ヒレ」，「リブロース」，「サーロイン」，「うちもも」，「しんたま」，「らんいち」，「そともも」，「すね（ともずね）」の13部位に小分割される．

4.1.1 ま　　え

「かた」はうでの部分の総称で，この部位は運動が激しいため，筋や膜が多く，肉色は濃く，肉質は硬いが，肉の味は濃厚で，煮込む料理には最適とされている．特に「すね」は脂肪が少なく大部分が赤肉のため，ブイヨン用としては最高とされている．

「かたばら」はイギリスではポイントブリスケットと称し，線維や膜が多く，肉質はきめが粗く，硬い．脂肪交雑が入りやすく，エキス分やゼラチン質なども多く，煮込みものには脂肪を含んだ独特のうま味があって最適とされている．

「かたロース」はチャックとよび，きめの細かく柔らかい脂肪交雑の最も入りやすい部位で，薄切り肉を使う料理には，風味もよく焼肉などに最適とされている．

「ネック」は頸（くび）の部分で，よく運動をする部位なので，きめは粗く硬い．脂肪が少なく赤身が多いので，スープ材料やひき肉としてよく利用される．

4.1.2 ともばら

ネーベルブリスケットとよび，かたばらと同様に線維や膜が多く，肉のきめは粗く硬い．かたばらよりやや薄いが，脂肪交雑が

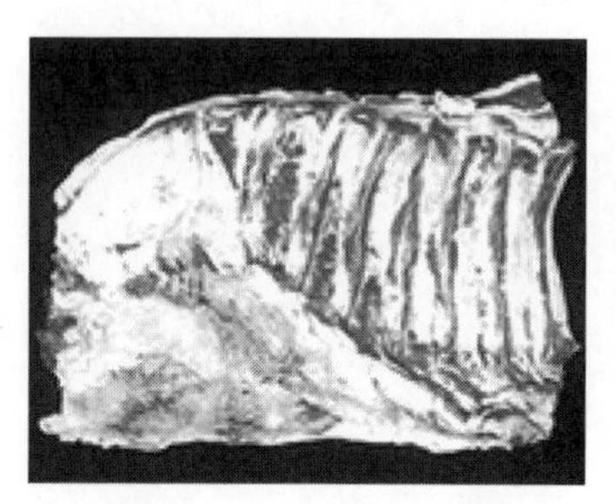

写真 4.1 ともばら（牛）

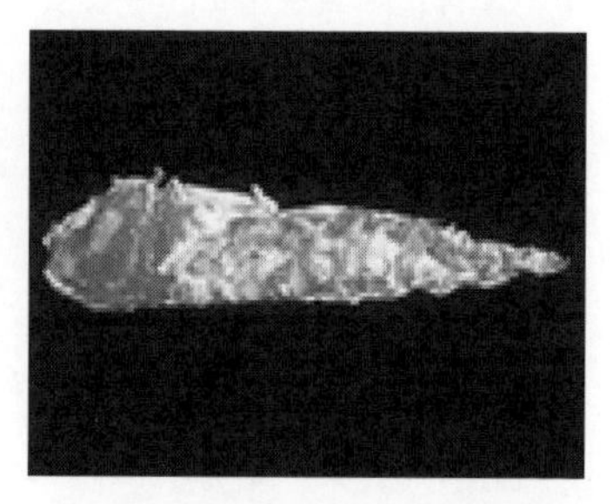

写真 4.2 ヒレ（牛）

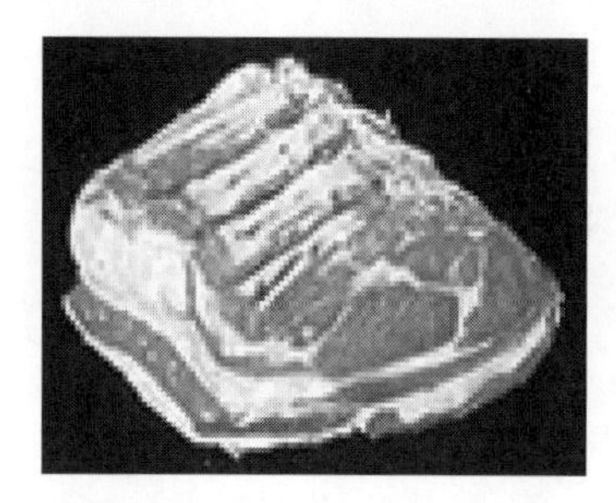

写真 4.3 リブロース（牛）

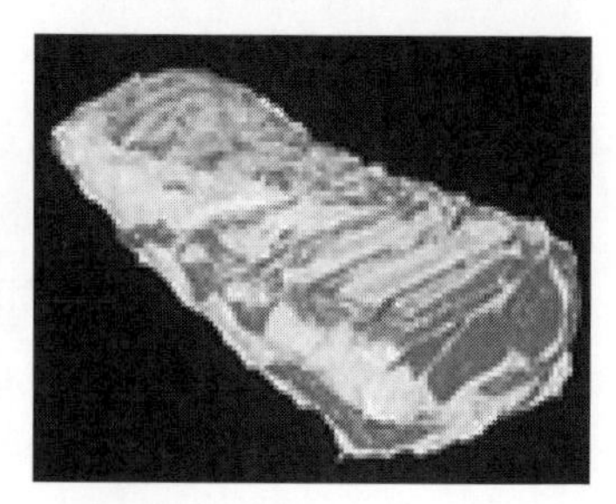

写真 4.4 サーロイン（牛）

（公社）日本食肉格付協会 HP より（2013）

入りやすく，肉の味はかなり濃厚である.

4.1.3 ロインおよびもも

「ヒレ」はフランス語のフィレから来た名称で，テンダーロインとも呼び，運動量が少ないので最も軟らかい部位で，肉のきめは細かく，脂肪が少なく最高の肉質とされている.

「リブロース」はキューブロールともよび，ロース部分の主体をなしており，肉のきめは細かく，風味もよく軟らかで，脂肪交雑も入りやすく，牛肉の最高部位とされている．ロースの芯の部分も大きく，この部分に脂肪交雑が十分入ったものは最高級の肉といわれている.

「サーロイン」はストリップロインとも称し，リブロースからももに続く部位で，リブロースと並んで牛肉のうちの最高の肉質とされ，サーロインステーキは特に有名である．ティーボーンステーキはサーロインを骨の付いたままヒレを同時にカットしたもので断面の形状がT字型をしている.

「うちもも」はトップサイドともよび，きめはやや粗いが，脂肪が少なく，赤身が大部分で，内転筋など大きな肉塊がとれるので，大きな切り身で使う料理に適している.

「しんたま」はシックフランクともよび，うちももよりやや下の部位で，この部位の芯はきめが細かく，肉質は軟らかい.

「らんいち」はランプともよばれ，サーロインに続く部位で，肉のきめは細かく，脂肪交雑が入りにくいにもかかわらず，赤身の軟らかな肉質として貴重な部位とされている．上質なものはロースより軟らかで，ランプステーキなどと珍重されている．

「そともも」はシャンクともよび，最も運動の激しい筋肉で，筋線維は粗く，硬い．コーンビーフには最適とされている．

「すね（ともずね）」はシルバーサイドとよび，まえずね同様脂肪は少なく赤身が多いので，ブイヨン用としては最高とされている．

4.2 豚　　肉

半丸枝肉は部分肉にするため，「かた」，「ヒレ」，「ロース」，「ばら」，「もも」に5分割されるが，「かた」を細分した場合は「かたロース」と「うで」に分け，6部分肉とする．

4.2.1 か　　た

運動の激しい部位なので，肉のきめが粗く，肉色も他の部位に比べてやや濃く，筋肉間に脂肪が適度にあって，豚肉らしい風味と肉質を持っている．

4.2.2 ヒ　　レ

1頭から2本しかとれず，全体の肉量の2%位とその量は少ない．豚肉のうちで最もきめが細かく，軟らかな部位で，脂肪はほとんどない．

4.2.3 ロース

肩の部分はやや赤みのあるピンク色で肉質は多少粗いが，全体は表面が皮下脂肪で覆われ，肉色は豚肉の代表的な淡灰紅色を呈し，筋肉部分の形が整っていて，加工品や料理には欠かせない部位である．

4.2.4 ば　ら

三枚肉とよばれる部位で，筋肉部と脂肪層が交互に同じ厚さで

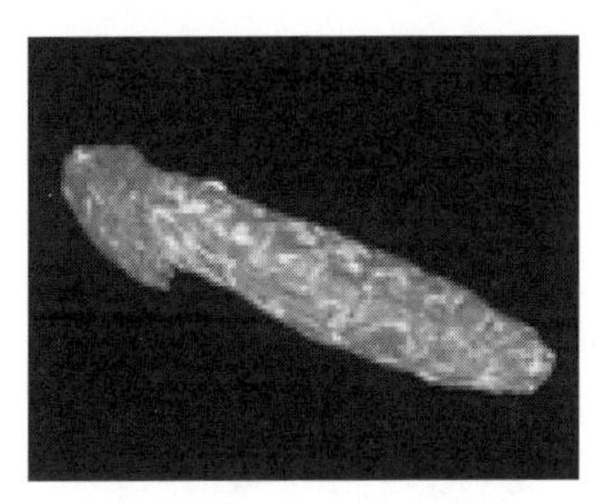

写真 4.5　ヒレ（豚）

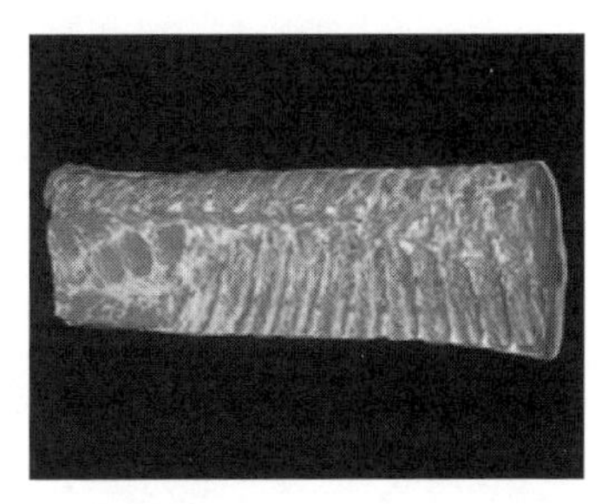

写真 4.6　ロース（豚）

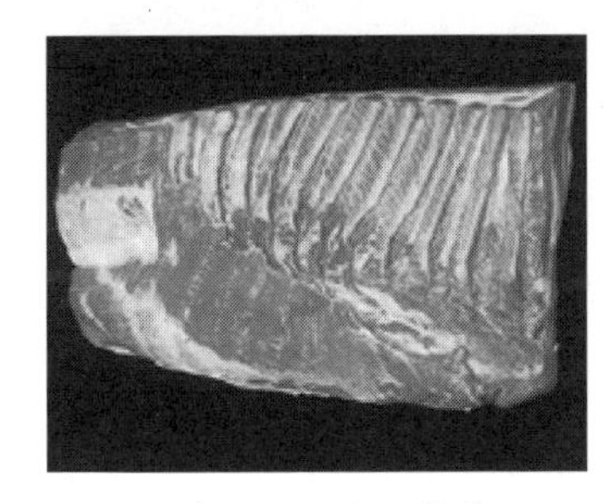

写真 4.7　ばら（豚）

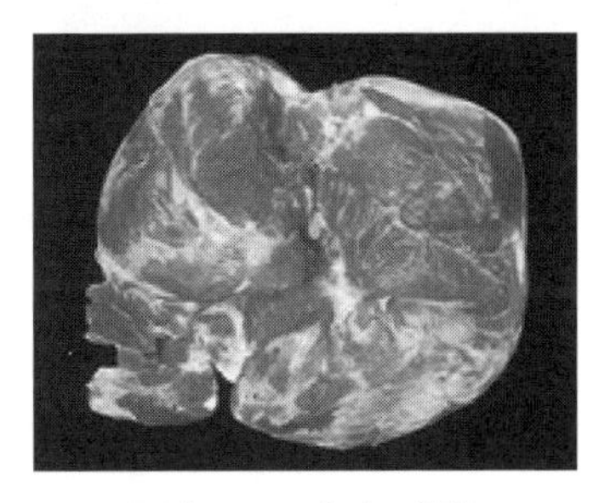

写真 4.8　もも（豚）

（公社）日本食肉格付協会 HP より（2013）

入り混じっているものが良いとされ，肉のきめはやや粗いが，軟らかく風味とコクに優れた部位である.

4.2.5 も　も

表面は脂肪で覆われているが，筋肉間には脂肪のない赤身肉で，うちももはきめも細かく，肉色は淡いが，そとももは運動をする部分のため，きめはやや粗く肉色も多少濃い.

4.3 馬　肉

肉色は赤褐色で，結合組織が比較的多くてやや粗剛である．牛肉に比べて味は淡白であるが，肥満した馬はグリコーゲンが多く特有の甘味を持っている.

大きな切り身で利用されることがないので，部分肉として牛肉，豚肉のような形態的な取扱いを受けることが少ない．脂肪は融点が低く，軟質で黄色であり，酸化しやすく，食用には適さない.

4.4 羊　肉

肉色は鮮紅色で，肉質は繊細で一種の風味を持っているが，脂肪は白くて硬く特有な臭気がある.

参考文献

1)　食肉の知識, (社) 日本食肉協議会 (1978)
2)　食肉の知識, (公社) 日本食肉協議会 (2013)
3)　牛部分肉取引規格ホームページ　(公社) 日本食肉格付協会 (2013)
4)　豚部分肉取引規格ホームページ　(公社) 日本食肉格付協会 (2013)

5.　畜肉の衛生

5.1　畜肉の衛生

食肉は動物性タンパク質の供給源として重要な役割を担っているが，取扱いを誤るとその衛生的な危害は大きい．食肉衛生は食品衛生の一般原則と同じで，衛生管理の3原則が大切になる．その基本は汚染物を食肉や食肉製品さらにその作業環境に「持ち込まない」「発生させない」「取り除く」ことである．さらに食中毒予防は原因となる微生物を「付着させない」「増やさない」「やっつける」ことが重要である．

危害を未然に防ぐために，飼育段階においては，病原性微生物が原因で畜肉を介して人に危害が及ばないように「家畜伝染病予防法」によって，炭疽病，結核，ブルセラ病，豚丹毒，サルモネラ病，旋毛虫病その他の寄生虫病など人獣共通の伝染性疾患の対応がされている．

と畜・解体される肉畜は，「と畜場法」によって生体検査およびと体検査を受けなければならないことになっている．

生体検査では，肉畜の健康状態を外観，感触，検温，聴診によって伝染病などの有無を調べ，疑わしいものは精密検査をし，食用に不適のものはと畜が禁止される．次いで，と体検査では内臓，頭部，枝肉について検査を行い，合格した内臓や枝肉には，獣医師の資格を持った検査員による検印が押されてはじめてと場外へ搬出することができる．

肉類の販売，加工をする時は，「食品衛生法」の規制を受け保存基準，調理基準を守らなければならない．

各施設については，それぞれ目的に応じて基準が定められており，また枝肉を主原料として畜肉製品を製造する時は，規定されている成分規格，製造基準，保存基準を守らなければならない．

5.2　食肉の保存基準と調理基準

保存基準は，次のように定められている．

1)　食肉は10℃以下で保存しなければならない．

2)　食肉は清潔で衛生的な有蓋の容器に収めるか，または清潔で衛生的な合成樹脂フィルム，合成樹脂加工紙，パラフィン紙，硫酸紙もしくは布で包装して，運搬しなければならない．

また，調理基準は「食肉の調理は，衛生的な場所で，清潔で衛生的な機械，器具を用いて行わなければならない」と定めている．

その他食肉販売業は，知事の許可営業で，知事の定めた営業施設基準，衛生管理運営基準を守らなければならず，また営業所は施設ごとに，従事者のうちから食品衛生に関する責任者（食品衛生責任者）を定めなければならない．

5.3　食肉製品

畜肉製品の製造業は，定められた成分規格，製造基準，保存基準を守らなければならない．

5.3.1　食肉製品の成分規格

成分規格には一般基準と個別基準が定められており，その概略は次のとおりである．

1)　一般規格

食肉製品はその 1 kg につき 0.07 g を越える量の亜硝酸根を含有するものであってはならない．

2)　個別規格

個別規格には，①乾燥食肉製品，②非加熱食肉製品，③特定加熱食肉製品，④加熱食肉製品，⑤加熱食肉製品のうち加熱殺菌した後容器包装にいれたもの，の 5 種類の製品群について，それぞれの食中毒菌についての規格が示されている．

5.3.2　食肉製品の製造基準

製造基準については一般基準と個別基準が定めており，その概略は次のとおりである．

1)　一般基準

a)　製造に使用する原料食肉は，鮮度が良好であって，微生物汚染の少ないものでなければならない．

b)　製造に使用する冷凍原料食肉の解凍は，衛生的な場所で行わなければならない．この場合において，水を用いるときは，流水（食品製造用水に限る）で行わなければならない．

c)　食肉は金属または合成樹脂等でできた清潔で洗浄の容易な不浸透性の容器に収めなければならない．

d)　製造に使用する香辛料，砂糖およびでん粉は，その 1 g あたりの芽胞数が 1,000 以下でなければならない．

e)　製造には，清潔で洗浄および殺菌の容易な器具を用いなければならない．

2)　個別基準

個別基準には①乾燥食肉製品，②非加熱食肉製品，③特定加熱食肉製品，④加熱食肉製品，の塩漬け，くん煙，乾燥，殺菌方法についてそれぞれの基準が示されている．また，①から④に規定する以外の方法により製造または輸入する場合は厚生労働大臣の承認を受けなければならないことなども盛り込まれている．

5.3.3　食肉製品の保存基準

保存基準については一般基準と個別基準が定められている．

1) 一般基準

a)　冷凍食肉製品（冷凍食肉製品として販売する食肉製品をいう）は，−15° 以下で保存しなければならない．

b)　製品は，清潔で衛生的な容器に収めて密封するか，ケーシングするか，または清潔で衛生的な合成樹脂フィルム，合成樹脂加工紙，硫酸紙若しくはパラフィン紙で包装して，運搬しなければならない．

2）　個別基準

a）　非加熱食肉製品

非加熱食肉製品は，10℃以下（肉塊のみを原料食肉とする場合であって，水分活性が0.95以上のものにあっては，4℃以下）で保存しなければならない．ただし，肉塊のみを原料食肉とする場合以外の場合であって，pHが4.6未満又はpHが5.1未満かつ水分活性が0.93未満のものにあっては，この限りでない．

b）　特定加熱食肉製品

特定加熱食肉製品のうち，水分活性が0.95以上のものにあっては，4℃以下で，水分活性が0.95未満のものにあっては，10℃以下で保存しなければならない．

c）　加熱食肉製品

加熱食肉製品は，10℃以下で保存しなければならない．ただし，気密性のある容器包装に充てんした後，製品の中心部の温度を120℃で4分間加熱する方法またはこれと同等以上の効力を有する方法により殺菌したものにあっては，この限りでない．

参考文献

1）　自家製ハム・ソーセージ手づくり入門，畜産食品流通企画研究所（1981）
2）　橋本吉雄編著，畜肉の科学と製造，養賢堂（1966）
3）　食品別の規格基準について　食肉製品　厚生労働省 HP

6. 食肉の加工技術

6.1 原料肉の見分け方

畜肉製品を製造するにあたって，良い原料肉を選択し，常に高い品質の製品を作るよう留意しなければならない．また肉製品の品質に影響を与える結着力は畜種や鮮度により差異があることなど，加工するうえで原料肉の特徴を知っておくことは重要である．

6.1.1 肉 の 色

動物の種類，性別，年齢，部位によって色の濃淡に差があるが，一般には適度の赤色をして，つやのあるものが良いとされている．運動の激しい部位や老齢の肉は，濃い色をしている．

牛肉は白昼光で見たとき，つやのある鮮紅色が良いとされており，店頭で着色した照明を使っている場合は，実際の肉色より美しく見える．

昭和 61 年（1986 年）頃，生肉の変色防止や色調回復に，ニコチン酸やニコチン酸アミドが使われて問題になったことがあった．これは L-アスコルビン酸ナトリウム，ニコチン酸，またはニコチン酸アミド，グリシン，ポリリン酸塩など天然物を含む製剤を生肉に添加することで，褐変化した生肉の色調が回復して，再包装し，加工日を改めて販売するなどの不法行為が一部に行われた．調査した結果ニコチン酸などによるものとわかり，健康被害の懸念もあり，現在ではニコチン酸の使用は禁止されている．

牛肉の色は，切断直後はやや暗い赤紫色をしているが，空気にふれてしばらくするとミオグロビンが酸化して鮮赤色のオキシミオグロビンになる．放置をさらに続けると，メトミオグロビンに変化して褐色になる．肉食は年齢，性別，品種によっても異なることが知られており，加齢とともに濃い赤みが増してくる．若齢の乳用牛は和牛に比べ淡い肉色である．

豚肉は淡いつやのあるピンク色をしているものが良いとされ，部位によって濃淡の差が認められる．赤みの濃いものは老齢豚で，加工原料に使用されることが多い．

最近の精肉小売は，トレーに入ったパック包装が多いが，これらの中には真空包装やガス充填包装をしたものがあって，保存性や肉色の保持に効果をあげている．ガスは酸素と炭酸ガスの混合ガスが使われている．

6.1.2 脂肪の色

脂肪の少ない赤身肉が好まれるが，肉のうまさは，むしろ脂肪がかかわっている．

牛肉では，脂肪の色に，白色，乳白色，クリーム色，黄色などがあって，飼育方法，飼料，年齢などで異なってくる．

乳白色は麦類を飼料にした場合に多く，青草などを多くとった時はカロチンが多くて黄みがかり，老齢の場合も黄色い脂肪になる．

豚肉の脂肪は，白色で粘りがあって，つやのあるものが最上で，「餅豚」と称している．一方，脂肪に締まりがなく，乳白色のものは「軟脂豚」とよばれ，肉も風味が悪い．

6.1.3 肉のきめ

筋肉は筋線維が集まって第1次筋束を作り，これが集まって第2次筋束を，さらにこれが集まって第3次筋束を形成する．この第1次筋束の断面積をきめと称し，断面を見たとき第2次筋束が細かく締まって，なめらかなものが良いとされている．

6.2 異 常 肉

1） PSE豚

近年の大規模養豚のように群飼育になって，肉色のうすい（pale），肉質の軟らかい（soft），浸出液の多い（exudative）豚肉がみられるが，このような肉質の豚肉をこれらの三つの状態の頭文字をとってPSE豚と呼ぶ．PSE豚肉は，ふけ肉とも言われ，豚ストレス症候群やと畜前に体調を整えていない豚や枝肉の不適切な取り扱いが原因とされている．

PSE豚の肉質はと畜直後は正常肉に見えるが，死後硬直後にこの状態が現れるため，利用上特に問題になっている．発生原因としては，品種改良で産肉性が高く，飼料要求の少ない品種を作り出すことに目標を置いた結果，ストレスに対して感受性の高い豚が多くなったためといわれている．

PSE 豚肉の見分け方としては，と畜後 45 分の肉の pH 値と肉質に有意な相関があるとの研究結果から，この時の pH 値が異常に低いもの（正常のものは 6.0 以上）は加工原料肉としては不適とされている．

2） DFD 肉

肉色が赤黒い（Dark），肉が締まって（Firm），断面が乾燥（Dry）している状態の肉を言う．と畜後には筋肉中のグリコーゲンは解糖作用により乳酸を生成するため食肉は一般に酸性を示すが，と畜前に生体でグリコーゲンなどがすでに減少している筋肉では，乳酸の生成量が少ないため pH があまり低下せずに最終 pH が 6.0 付近に維持されると DFD 肉になるといわれている．PSE とは逆の性質で豚肉にはほとんど見られず，牛肉に多く発生する．原因としては，疲労やストレスによって，エネルギー源である ATP（アデノシン三リン酸）やクレアチンリン酸，グリコーゲンが減少しているときに処理されることで生じることが多い．

3） 軟 脂 豚

脂肪の品質は与える飼料や飼育方法，品種，系統，性差に影響される．残飯を与えて肥育すると，PSE 豚肉が生産されやすくなるが，脂肪が軟らかく，肉の締まりの悪い豚に軟脂豚がある．これらの豚の脂肪は，パルミチン酸やステアリン酸など飽和脂肪酸含有が少なく，リノール酸など不飽和脂肪酸が多く，融点が低い．

軟脂の原因としては，魚粕の供与などにあるといわれているが，品種や性別，月齢などいろいろな要因で変化するともいわれている．

6.3　畜肉製品の種類

畜肉製品とは，一般的には畜肉を主材料にした加工食品の総称で，もともとは生肉の貯蔵手段として工夫されたものである．種々の工夫によって生肉に貯蔵性を与えて，随時食用に供し，加工することで家畜の飼育と畜肉の生産の需給調整を図ったといわれている．

特に畜肉製品の主体をなすハム，ベーコン，ソーセージは豚肉を主原料とするが，豚は他の家畜と異なって採肉専用として飼育されているため，加工品の生産は肉の相場に大きく左右される．相場が安い時に原料肉を多く手当するなど，需給調整が必要になって，必然的に貯蔵・加工の手段が工夫された．

ハムは本来，豚のもも肉を骨付きのまま塩漬，くん煙したもので，もも肉以外の部位の肉で作ったものはかた肉のハム，また骨を抜いたものはボンレスハムといった．ロース部分で作ったものを，わが国ではボイルをしてロースハムと称している．骨付きハムをドイツ語ではクノーヒエンシンケンという．最近シンケンと名称を付した製品があるが，ハムのドイツ名である．

ベーコンは豚のわき腹の筋肉を原料として，塩漬，くん煙したもので，ヨーロッパでは一般的な食肉製品であり，スープや調理の味付けに重要な食品とされている．わが国のかつお節のような加工品で，豚も胴長のベーコン部の多いものが飼育されている．

ソーセージはドイツをはじめ各国で古くから，その国の習慣，生活様式，嗜好などによって多種多様な製品が作られている．わが国で生産される大部分のソーセージはドメスティックソーセージと呼ばれる水分含量が50～60%程度と比較的多いものである．これをフレッシュソーセージとクックドソーセージに分け，乾燥して水分含量を15～35%程度と低くし，長期保存性のあるものをドライソーセージとよんでいる．

その他，小肉塊をまとめてハム様にした，わが国独特の製品プレスハムや，魚肉が入った混合製品などがある．

以上述べた製品は一般には畜肉加工品のJAS（日本農林規格）に分類されている製品であるが，このほかに特殊製品，肉缶詰，ハンバーグ，ミートボールなどがある．特殊製品にはオーブンを利用し窯焼きの調理で製造したミートローフやミートパイがあり，肉缶詰の代表的なものにはコーンビーフがある．コーンビーフは本来は老廃牛など肉質が中等以下のものを使用しているが馬肉，めん羊肉なども使用したニューコーンビーフと称するものもある．コーンビーフの生産量は昭和50年代の7,000トン余りをピークに徐々に減少し平成18年（2006年）に2,000トンを割り，平成25年（2013年）には950トンと，1,000トンの大台を割りこんだ．その他ハムやソーセージの缶詰，牛肉の大和煮缶詰などもあるがコーンビーフ同様年々生産量は減少している．

ラーメンなどに使われる焼豚，乾燥肉として人気のあるジャーキー，スモークタン，ヘッドチーズなども一般的な製品といえる．

戦後，自由で合理的なアメリカ文化にふれた若者によって急速に広まったものにハンバーグがある．市販のものは，チルド，冷凍，レトルトがあって，流通条件や利用の方法が違う．また原料肉別に，ビーフハンバーグやポークハンバーグなどの分け方もある．JASではチルドハンバーグ，ハンバーガーパティ，ミートボールに規格を決めている．

6.4　畜肉製品の生産状況

日本ハム・ソーセージ工業協同組合の資料によれば，平成28年（2016年）の生産量をみると，ハム・プレスハムは13万6,789トン，ベーコンは9万1,707トン，ソーセージが31万344トンとなっており，畜肉製品全体の生産量は53万8,841トンであった．このうち種類別の生産内訳をみると，ソーセージが57.6%と大半を占め，以下ハム・プレスハムが25.4%，ベーコン17%となっている．

平成17年（2005年）の生産量に比べ，ベーコンが20%増、次いでソーセージが11%増と年々少しずつ増えてきている．ハム・プレスハムを合わせた量はあまり変わらないが，畜肉製品全体の生産量合計は109%と僅かに増えている．

ロースハム，ボンレスハムは7月，12月に明確な生産のピークがあって，お中元，お歳暮の贈答用品としての位置づけがはっ

表 6.1 畜肉製品の生産量の推移

（単位：トン）

平成	ベーコン	ハム	プレスハム	ソーセージ	合計
17	76,287	109,205	29,077	278,497	493,066
18	78,241	107,473	28,790	276,153	490,656
19	78,909	104,197	28,546	268,930	480,582
20	78,447	101,569	27,796	281,509	489,320
21	81,176	105,598	26,408	294,110	507,292
22	81,040	103,319	26,780	292,791	503,930
23	84,022	106,116	26,750	296,210	513,097
24	86,436	107,702	27,380	301,421	522,938
25	86,942	107,349	28,845	306,587	529,722
26	86,946	106,137	30,657	312,859	536,600
27	88,552	104,827	32,671	306,743	532,793
28	91,707	104,951	31,838	310,344	538,841

日本ハムソーセージ工業協同組合「食肉加工品データ」

きりしている．ベーコンはハムほど顕著な傾向はないが，年間では 12 月が最も多く生産されているなど，贈答用の需要増が推測される．

6.5 畜肉製品への原料肉の仕向け

日本ハム・ソーセージ工業協同組合の資料によれば，平成 28 年（2016 年）の豚肉，牛肉，馬肉，羊肉，鶏肉など畜肉のハム・ソーセージ向けの仕向け量は，43 万 9,915 トンであり，内訳をみると，豚肉 37 万 476 トン，成牛肉 1 万 7,706 トン，馬肉 462 トン，めん羊肉 399 トン，鶏肉 5 万 815 トンとなっており，豚肉が全仕向け肉量の 84.2％を占めており，鶏肉がそれに次いでいる．

また，仕向け量全体に占める輸入肉量は 31 万 5,047 トンであ

表 6.2　食肉加工品仕向け肉量

（単位：トン）

区　分		平成 25 年	平成 26 年	平成 27 年	平成 28 年
豚　肉	国産	83,296	81,255	77,459	78,677
	輸入	294,098	292,331	297,328	291,800
	合計	377,394	373,585	374,787	370,476
成牛肉	国産	1,240	1,399	1,252	1,349
	輸入	13,649	14,130	13,753	16,358
	合計	14,888	15,529	15,005	17,706
子牛肉	国産	3	3	3	3
	輸入	70	56	54	53
	合計	73	59	57	56
馬　肉	国産	97	94	81	79
	輸入	445	424	371	383
	合計	542	518	452	462
めん羊肉	国産	0	0	0	0
	輸入	409	389	399	399
	合計	409	389	399	399
鶏　肉	国産	46,014	43,807	43,813	44,761
	輸入	3,788	3,795	5,352	6,054
	合計	49,802	47,602	49,165	50,815
合　計	国産	130,649	126,559	122,608	124,868
	輸入	312,458	311,124	317,258	315,047
	合計	443,107	437,683	439,865	439,915

日本ハム・ソーセージ工業協同組合調べ　「食肉加工品等流通調査」

り，国内産の12万4,868トンの約2.5倍となっている．このうち豚肉でみると輸入肉は29万1,800トンであり，国内肉の7万8,677トンの約3.7倍となり豚肉全体に占める輸入肉の割合は78.8%となり仕向け肉は輸入肉が多い．

6.6　製造工程と加工機械，副資材

6.6.1　塩　　漬

1)　塩漬の目的

塩漬はベーコン，ハム，ソーセージを製造するときに必ず行う作業であり，その目的には，肉色の固定，保水・結着性の向上，保存性・抗菌作用の向上，フレーバーの醸成などがあげられ，食肉加工の重要な工程であり，製品の品質に与える影響は大きい．

a)　防腐・保存

本来の塩漬は基本的に防腐や保存を目的にしていたが，最近の食品に対する低塩化志向から，保存効果よりも調味を主体にした嗜好性を重視する傾向が強くなってきた．

b)　発　　色

塩漬の重要な目的の一つに発色がある．主に筋肉中の色素タンパク質であるミオグロビンによって畜肉は赤色になり，生肉をそのまま放置すると時間の経過と共に切断面は酸化されて褐色になる．塩漬をした肉は内部も濃赤色（ニトロソミオグロビン）で，加熱すると桃赤色（ニトロソヘモクロム）に変化する．こ

のように加熱しても，赤色を保っていることを発色とよんでいる．

c)　保水・結着性の向上

保水性は，肉に含まれる水分や加えた水を加熱調理の際にも失われずに肉中にとどめておく性質をいい，結着性は加熱の際に細切，混和された肉が密着して弾力を増す性質をいう．保水性と結着性はソーセージなどの練り製品の場合，食塩の添加量が5%位までは保水性は強化される．

d)　風味の醸成

食塩の添加によって適度の塩味がついて美味となるが，その他に塩漬剤として砂糖，香辛料，調味料などが加えられ風味はより一層向上する．

砂糖は塩味を和らげる目的で使用されるが，食塩の脱水作用で肉が締まりすぎて硬くなるのを防ぐ目的も併せて持っている．塩漬肉のフレーバーは，発色剤として添加される亜硝酸塩の働きによる．亜硝酸塩を使用しない塩漬肉のフレーバーは，ただの加熱調理肉と変わらないとさえいわれている．

2)　畜肉の色の変化

肉は鉄を含む赤色の色素タンパク質によって赤い色をしているが，この色素タンパク質に含まれる鉄が2価の場合はヘモクロム，3価の場合はヘミクロムといい，ヘモクロムがヘミクロムに変化することを酸化，逆の変化を還元という．この反応が発色に大きくかかわっている．

と畜，放血された筋肉は，血液による酸素の供給がなくなるため，新鮮な肉は還元状態が保たれ，その色も還元型ミオグロビンによる赤紫色の暗い色をしているが，その切り口が空気に触れるとミオグロビンに酸素が結合して，美しい明るい赤色のオキシミオグロビンに変化する．オキシミオグロビンの赤色はかなり安定しているが，時間がたつにつれオキシミオグロビンの鉄も3価に酸化されて，褐色のメトミオグロビンを生じる．いわゆるメト化である．

このように生肉の赤色はかなり安定しているが，加熱するとタンパク質のグロビンが熱変性を起こし，肉色はメト化して褐色になる．ハムやソーセージなどの加工品が，加熱によってメト化することは品質上見栄えが悪いので，加熱しても美しい赤色が保たれるようにする目的で発色剤が使われる．

発色剤として畜肉製品に使用が許可されているのは，硝酸塩と亜硝酸塩で，それぞれ使用基準が定められている．硝酸塩としては硝酸ナトリウム（チリ硝石）や硝酸カリウム（硝石）が使われるが，硝酸塩を使う場合は，ピックル液（塩漬液）中の細菌によって亜硝酸塩に還元されるまで時間がかかるので，亜硝酸塩を直接添加する場合が多い．

その仕組みは，亜硝酸塩はまず一方において，ミオグロビンやオキシミオグロビンを酸化して，メトミオグロビンにする．酸化されたメトミオグロビンは，肉のもつ還元作用によって再び還元型のミオグロビンに戻る．

他方において，グリコーゲンの分解により生じた乳酸の作用によって，遊離の亜硝酸を生じ，これが還元された酸化窒素を生じる．

生成された還元型ミオグロビンと酸化窒素は結合して，美しい赤色の酸化窒素ミオグロビンができる．これはニトロソミオグロビンともよばれ，塩漬によって美しい色を生じることから，cured meat color とよばれている．

3) 塩漬の方法

塩漬前にあらかじめ少量の塩漬剤をすり込んで，肉中に残存する血液を絞り出しておくことを“血絞り”と言うが，現在はと畜技術が進みあまり行われなくなっている．

塩漬法には「湿塩漬法」と「乾塩漬法」また，大きな肉塊では，漬込み時間が長くかかるので，直接注射で塩漬液を注入する「塩漬液注入法」がある．

a) 湿塩漬法はピックル法とも称し，塩漬液（ピックル液）に肉片を漬込む方法で，漬込む時の時間と労力が省け，風味などは均一化でき，使用した塩漬液は再生できて経済的であるなどの利点がある反面，漬込み期間が長く，保管場所と設備が必要であり，塩漬液の変質や異物混入などのトラブルが生じると被害が大きいなどの欠点もある．

肉重量の 1/2 の水に，食塩を水の 15 ～ 20％，砂糖 3 ～ 5％，香辛料 0.5 ～ 1.0％，硝石 0.5 ～ 1.5％，亜硝酸 0.05 ～ 0.08％の配合で煮沸溶解して作る．

漬込みは容器内に少量の冷却した塩漬液を入れ，順次肉塊を脂肪層と肉面を交互にして漬込んだ後，肉塊が空気面に出ないよう押蓋をしておく．漬込み期間は冷暗所で，肉塊 1

kg 当たり 4 ～ 5 日を目安とする.

b)　乾塩漬法は肉の表面に直接塩漬剤をすり込む方法で，塩漬時間が比較的短く，でき上がりの色つやは湿塩漬法より良く仕上がるが，製品の均一化が難しい欠点がある.

塩漬剤の配合は，肉重量に対して食塩 3 ～ 5%，砂糖 1 ～ 2%，香辛料 0.5 ～ 1.0%，硝石 0.2 ～ 0.3%，亜硝酸塩 0.01 ～ 0.02%で，これらをよく混合して，肉にすり込み，脂肪層を下にして積み上げ，上部にビニールなどで覆って軽く重石をして，冷暗所に肉重量 1kg につき 3 日程度を目安にして行う.

c)　塩漬液注入法（ピックル液注入法）

大きな肉塊や関節部など塩漬液の浸透が遅いと思われる部位に，注射で直接塩漬液を送り込む方法で，ステンレスの注射針を通して圧力をかけ，側面の小さな穴から液を噴出さ

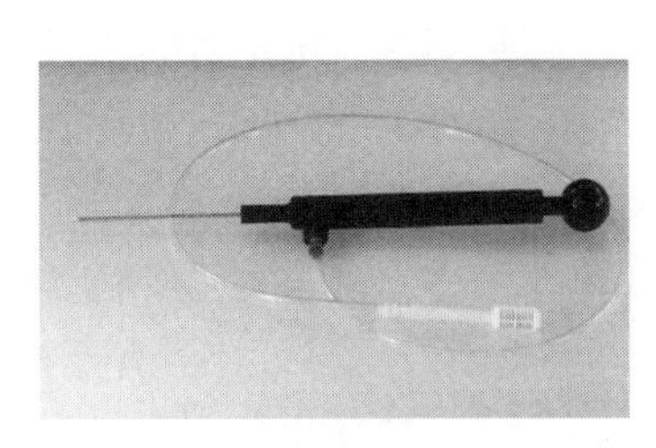

1 針式

多針式

写真 6.1　ピックルインジェクター

（公社）全国食肉学校「食肉処理技法」

せ，液を一様に筋肉内に送り込む．漬込み期間は1/2～1/3に短縮される．

注射を行うピックルインジェクターは，骨付きハムや少量生産の場合は注射針が1～3本のものを用いることが多く，注射針が50本位のものから，130本の針が6列に並んだ大型機まで種々あり，大量処理によく使用される．ピックル液の注入量は肉重量の15%までにする．

d) マッサージング，タンブリング

湿塩漬法の場合，塩漬効果を促進させるために，週に一度位の割合で，肉を取出してたたいたり，こすったりしている．この手作業を機械化したのがこの方法で，大きな肉塊はタンブラー，小さい肉塊はマッサージャーと使い分けている．

食塩の浸透現象を利用し，塩漬液と肉塊との塩濃度差が大きければ早く浸透する．また温度にも影響を受け，温度が高ければ早く浸漬するが，他の微生物の増殖により変敗を避けるために．通常は3～4℃で行う．

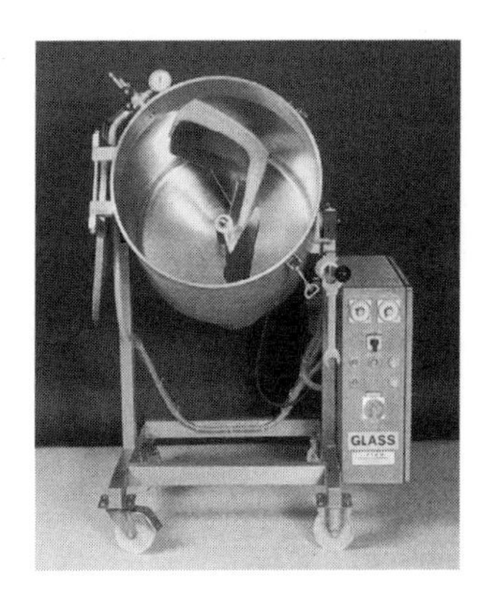

写真6.2 小型タンブラー＆ミキサー
(公社)全国食肉学校「食肉処理技法」

4) 塩 漬 剤

a) 食塩：塩漬剤としては上質の粗製塩が使われている．

b) 硝酸塩：硝酸カリウム（硝石）が一般的で，発色剤として使われている．

c) 亜硝酸塩：亜硝酸ナトリウムが発色剤として硝石と併用され，添加効果として発色の他にボツリヌス菌の発育阻止がある．亜硝酸塩は毒性が強く，食肉製品に限って使用が認められ，使用量は最終製品中の残存量が亜硝酸根として0.07 g/kg（70 ppm）以下でなければならないと食品衛生法で規定されている．

d) 抗酸化剤：L-アスコルビン酸などが発色助剤として使われ，発色反応の速度を早める効果がある．

e) 結着剤：ポリリン酸塩，メタリン酸塩などの重合リン酸塩が使われ，保水性，結着性の向上のほか，酸敗の防止，風味の低下防止，微生物の発育抑制などの効果もある．

f) 保存料：ソルビン酸，ソルビン酸カリウムが使用を認められている．殺菌力はあまり強くないが，カビ，酵母に対しては発育を阻止する作用がある．ソルビン酸はpHが酸性側で保存効果を発揮する．

g) 化学調味料：使用が許可されているのは，L-グルタミン酸，5'-イノシン酸，5'-グアニル酸，5'-リボヌクレオタイド，コハク酸のナトリウム塩で，グルタミン酸はこんぶのだし味，イノシン酸はかつお節の味，グアニル酸はしいたけのうま味成分，コハク酸は貝類のうま味成分，リボヌクレオタイドは複合の味とそれぞれ特徴があって，いずれもうま味の増強に使用されている．

h)　香辛料：肉の抑臭，矯臭などに欠かせないもので，製品のフレーバーを付与する目的も併せて持っており，香辛料の使い方によって製品の味や個性が決まるといっても過言ではない．

畜肉製品に使われる香辛料を，辛味と香りという点から分けると次のとおりである．

辛味……コショウ，ジンジャー，パプリカ，ナツメグ，オールスパイス，オニオン，ガーリック

香り……コリアンダー，カルダモン，キャラウェイ，セージ，ローレル，マジョラム，クローブ，シナモン

マスキング……ガーリック，セージ，タイム，ローズマリー，メース

これらの香辛料は生のまま使われたり，乾燥品やそれの粉末，または有効成分を抽出し，濃縮したものを乳化したものなどもある．

6.6.2　肉ひき

肉や脂肪を肉ひき機（チョッパー）にかけて細かく切る作業で，ソーセージの生地製造工程である．

肉ひき機は，肉を送り込むスクリューと，肉を切る十字形のナイフ，細かく穴のあいた目皿（プレート）が1組になっており，プレートには荒目（約10 mm），中目（約5 mm），細目（約2 mm）があって，ドライソーセージは荒目，荒びきソーセージは中目が使

チョッパー

卓上チョッパー

写真 6.3　チョッパー
（公社）全国食肉学校「食肉処理技法」

われる．

プレートが2組のものを2段びき，3組のものを3段びきといっている．

ひき肉の良し悪しは，肉がひき出されるとき，プレートの穴から1本1本が糸のようにひき出され，しかも肉が熱を持たないものが良い．そのためには，よく研磨されたナイフとプレートの組合せがピッタリしていなくてはならない．

肉ひき中の肉温が上昇すると保水力が低下するので10℃以下にすることが大切で，摩擦熱の発生を防ぐため，無理に肉をシリンダー内に押込むことは避けなければならない．また使用前にチョッパーを冷却しておき，低温の室内で肉ひきの作業を行うなどの配慮も必要である．

ソーセージ製造にあたっては，脂肪は結着力を低下させるため，できるだけ肉塊から脂肪を分離し，別々に肉ひき機にかける．

6.6.3　カッティング

1)　カッティングの仕組み

練り合せとか混和ともよばれ，ソーセージの品質を左右する重要な工程で，サイレントカッターを使い，ひき肉や小さな肉塊に食塩を添加して行う．

筋肉組織は細長い筋線維が，筋膜や筋鞘などの結合組織によって包まれながら，互いに平行に密集して成り立っている．この筋肉組織をサイレントカッターでカッティングすると，結合組織は破れ，筋線維の内容物であるミオシン，アクトミオシンなどの構造タンパク質が露出してくる．露出したミオシンやアクトミオシンに添加した食塩が作用して，線維状の分子がお互いにからみ合うように高い粘性を出す．このようにしてソーセージ生地の結着が形成される．

ひき肉に食塩を添加してカッティングを行うが，結着力を高めると同時に，調味料，香辛料，氷水などもほどよく練り込んでいく．

氷水は，混合中に肉温が上昇すると結着力が低下するので肉温を下げる目的で加えられるが，同時に肉質に適度の軟らかさを与える効果も持っている．

脂肪は肉部分の混合が終わった頃に添加して，生地の中に均質に取込まれるように混ぜると，脂肪は筋肉のアクトミオシンの編み状構造に抱き込まれるようになる.

2) サイレントカッター

一般に使われているカッターは，肉を入れた皿が回転し，中心部にあるカッターナイフが毎分1200回転で肉を切断していく. 高・低速の2段変速のものは，高速が3000回転位で乳化と完全混合を，低速は荒切りと混合に用いる.

変速機付きや真空装置付きのものもある. 真空にしてカッティングをすると，乳化が早く，歩留りと品質が大幅に向上するといわれている.

塩漬の項で塩漬剤として，カッティング時に使用する添加物を述べたが，その他に増量材として大豆タンパクや小麦タンパクが，また動物性タンパクとして，乳タンパクのカゼイン，豚皮ゼ

小型卓上カッター

真空装置付カッター

写真 6.4 サイレントカッター
（公社）全国食肉学校「食肉処理技法」

ラチン，卵白が使われている．

カゼインは乳化力が優れているので，つなぎ肉に添加される．豚皮ゼラチンは味をよくし，製品の弾力を増し，結着性を増強する．卵白にはリゾチームを含み，変敗防止効果や増量，結着の効果も高い．

6.6.4　混　合

本来はプレスハムの製造工程として混合が行われたが，最近ではドライソーセージや荒びきソーセージなど，カッティングを行わないものに対してミキサーによる混合工程が実施される．

ミキサーは，長方形のステンレス製タンクの中に，平行に貫通する1～2本のシャフトがあって，これに撹拌羽根が取付けられており，シャフトの回転によって原料肉が混合される仕組みになっている．

練り肉中への空気の混入を防止する脱気式のバキュームミキサーが利用されている．

写真 6.5　ミキサー
(公社) 全国食肉学校「食肉処理技法」

6.6.5　充填・結さつ

ロースハムやボンレスハム，ソーセージなどは形を整え，くん煙するためにケーシングに充填をする．

ケーシングとはソーセージのことを“腸詰”というように，原料練り肉を直接詰める包装材のことで，本来は家畜の腸などを洗浄して利用していたが，天然腸では同一サイズのものが集めにくく，洗浄に多くの労力を必要としてコスト高になるなどの理由から，人造ケーシングの利用も多くなっている．

1) 天然ケーシング

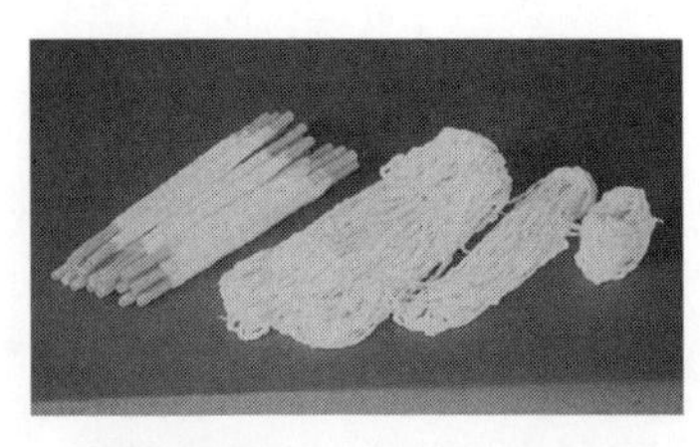

写真 6.6 天然ケーシング
（公社）全国食肉学校「食肉処理技法」

羊の小腸，盲腸，豚の小腸，大腸，直腸，盲腸，膀胱，胃のほか，牛も豚と同じ部位が天然ケーシングとよばれ，これらは塩蔵品または乾燥品として流通している．

羊腸は全量輸入品で，主としてオーストラリア，ニュージーランド，インド，パキスタン，中国などから輸入している．

塩漬した羊腸 100 ヤード（約 91.5 m）を 16 本（1 本約 4 〜 6 m）に分割，1 束とし，これを 1 ハンクとよんでいる．口径は 14 〜 27 mm 位で製品の太さに応じて使う．豚腸はほとんどが中国産で，口径は 29 〜 35 mm 位が多く使われている．

天然ケーシングは，ケーシングごと食べられ，煙を通し，肉に密着し，しわが出にくいなどの特色があるが，大きさが不均一で，ピンホールなどの危険性も有している．

2) 人造ケーシング

腸や腱などコラーゲンを原料にして作った可食の人造ケーシングを，コラーゲンケーシングとよんでいる．品質にムラがなく，サイズが均一で，穴あきがなく，保存性が良いなど，天然ケーシングの欠点をカバーしている．ドイツのナチュリンケーシング，チェコのクテシンケーシングなどは有名である．

植物繊維を原料としたセルロースケーシングは，不可食であるが，煙の透過性，ケーシング強度や機械適性に優れているなどの特性がある．ハム用のファイブラスケーシングは綿繊維の特殊化合物を用いて作られている．

ウインナーソーセージやフランクフルトソーセージ用の細物セルロースケーシングは，充填して製造した後，ケーシングをはぎとるスキンレスソーセージ用に使われる．

セルロースケーシングが透過性ケーシングであるのに対して，塩化ビニリデンケーシングで代表されるプラスチックフィルムは，非透過性ケーシングで，魚肉ソーセージなどに広く使用されている．フィルム強度があって，熱収縮性と優れた印刷適性から，着色用ケーシングとしても使われ，また外装用にも使われる．

ロースハムやボンレスハムなどは，以前はセロハン紙とさらし布で俵状に巻いたが，現在ではほとんど人造のファイブラスケーシングが使われている．

3) 充填・結さつ方法

ハムの充填は，筒状の金属製ラッパ型のハムプレスを使用する．ハムプレスの一端にぬらしたファイブラスケーシングをかぶせ，肉塊を丸めて手で押込んで充填し，両端をタコ糸または金具で結ぶ．充填した後は，タコ糸で俵状に巻いて肉の結着を補い巻締めをする．製品によってはリテーナー（網目のカゴ，筒状の金具）で巻締めを行うこともある．現在では，ほとんどのメーカーで機械式充填機が使われ自動化が進んでいる．

ソーセージの生地をケーシングに充填するにはスタッファーを使用する．スタッファーには手回し式，空気圧縮式，油圧式があるが，原理はいずれも同じである．シリンダー内のソーセージ生地をノズルを通して圧出する装置で，ノズルに種類別のケーシングを装着して充填する（写真 6.7）．ノズルには製品の種類別に分けた太さがある（写真 6.8）．

充填が終わったらウインナーソーセージでは 5 〜 8 cm，フランクフルトソーセージでは 10 〜 15 cm の間隔で鎖状にひねる．この工程にはひねり装置付真空充填機などが使われている（写真 6.9）．ひねりが終わったら空気の混入状態をみて，気泡があれば針で脱気をする．

充填機は製品の種類や，ケーシング，生地規模などによって使用機種も異なるが，空気圧使用結さつ機（写真 6.10）や工場規模では定量充填とひねりが同時にできるソーセージ自動充填結さつ機などが使われている．

写真 6.7 卓上油圧スタッファー
（公社）全国食肉学校「食肉処理技法」

写真 6.9 ひねり装置付真空充填機
（公社）全国食肉学校「食肉処理技法」

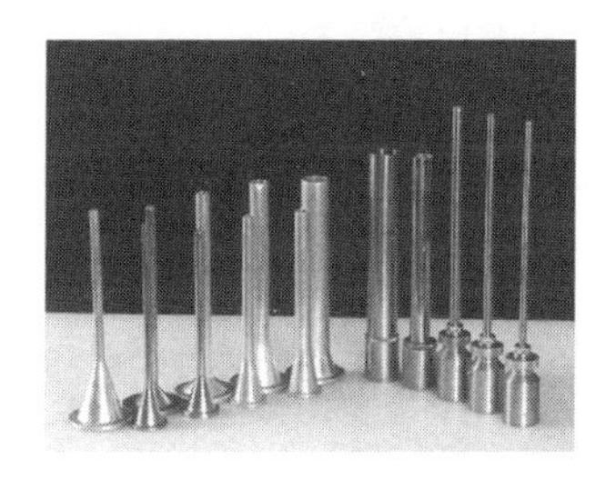

写真 6.8 充填機ノズル
（公社）全国食肉学校「食肉処理技法」

写真 6.10 結さつ機
（公社）全国食肉学校「食肉処理技法」

6.6.6 くん煙

1） くん煙の仕組み

くん煙は，保存性や風味の向上を目的として行われており，製造上とても重要な工程である．

くん煙はくん煙材を不完全燃焼させる一種の乾燥工程でもあり，獣肉類を徐々に乾燥することによって，煙成分を肉中に入りやすくし，煙中にあるアルデヒド類やフェノール類などの防腐成分と乾燥とが相まって貯蔵性が高められると考えられている．

2) くん煙材

くん煙材としては，樹脂が少なく，香りがよく，防腐性物質の発生量の多いものがよいとされ，硬木類—サクラ，カシ，ナラなどの広葉樹が用いられている．マツ，スギ，ヒノキなどの針葉樹は燃焼の際に油煙が出て肉色を悪くするので，くん煙用としては不適である．

くん煙の中にはフェノール，アルデヒド，木酢液などが含まれているが，これらのうちのいずれが殺菌作用を呈するかについては種々の説がある．

写真 6.11 スモークハウス
（公社）全国食肉学校「食肉処理技法」

くん煙処理により肉は一層酸性になるが，これは酢酸，ギ酸などの有機物が吸収されるためで，このことが保存力が増加する一因となっているともいわれている．

3) くん煙方法

くん煙の方法には，直接くん煙と間接くん煙がある．直接くん煙とはくん煙室でくん煙材料を直接不完全燃焼させる方法で，ベーコンなどの製造で施す30℃以下の冷くん，ロースハムやソーセージなどに行う30～50℃の温くん，発色を目的として短時間に65℃前後で行う熱くんがある．

間接くん煙とは発煙部とくん煙室を分離し，煙をくん煙室に送って製品に吹きつける方法である．

手動式であれば，工程ごとに温度の設定を確認し，調整する必要があるが，最近のくん煙機は，乾燥くん煙，冷却を自動で制御して行っている．

また木酢液を使った液くん法や，外観をくん煙したように合成着色料で着色するものもある．

6.6.7　ボイル

ボイルは，骨付きハム，ラックスハム，ベーコン，ドライソーセージ，フレッシュソーセージなどは行わないが，その他の製品は，一般に72～75℃に加熱される．ロースハムやボンレスハムでは3～5時間，ウインナーソーセージなどでは30～40分間とされている．

ボイルの効果としては，加熱によって肉中の微生物を死滅させ，保存性を向上させる．また，発色を完成させ，さらにはタンパク質に熱変性を起こさせて，筋肉にほど良い硬さを与えるとされている．

6.6.8　冷　却

ボイルが終わったら，できるだけ早く冷却しなければならない．冷却速度が遅く，比較的高い温度にとどめておくと，加熱に耐えて残っていた微生物が，好適な温度条件などから繁殖し，製品の貯蔵性を悪くする．

冷水につけて冷却すると，しわができないので外観上もよく，冷却も早くできて貯蔵性に好影響を与える．

6.7　ベーコン類の製造工程

1)　原 料 肉

背中から半分に分割した半丸枝肉を肩部ともも部で切断し，残った胴部を背線に平行に背ロース部を取去った腹部がいわゆるベーコンの原料肉で，ばら肉といっている．ばら肉は三枚肉ともよばれ，断面は3層の脂肪が平均した厚さであるものが良いとされている．

2)　塩　　漬

製品の色つやが湿塩漬法のものより良いことや，肉中の成分の流出が少ないなどの理由で，ベーコンは一般には乾塩漬法で行われる．

乾塩漬法の塩漬剤の配合例としては，肉重量に対して食塩3.5%，砂糖1.2%，硝石0.2%，亜硝酸ナトリウム0.01%で，これらの混合液を肉に均一にすり込み，一番下の肉片は脂肪部を下にし，次は肉面を合せる．このように肉面と肉面，脂肪面と脂肪面を合せ，最上部は脂肪部として，ここに押蓋をして，冷暗所で肉重量1 kgに対して5～6日を標準として行う．塩漬中は上下の入れ替えなど積み替えをして，塩漬期間を短縮したり，塩分の均一化を図るなど塩漬効果を高めるようにする．

塩漬後は肉中の塩分の均一化を図り，肉をきれいにするため，流水に約1時間漬け塩出しをする．

3） くん 煙

ベーコンピンとよばれるピンを肉片の一端に通し，吊下げるようにして，くん煙室内で乾燥，くん煙を行う．

乾燥は35～40℃位で，3～5時間ほど行う．急激に温度を上げると，表面のタンパク質が熱で硬くなって，煙成分を通しにくくしたり，脂肪が融出したりして，品質を低下させるので，徐々に行うことが肝要である．乾燥の終了は肉面が一様に乾いた時点

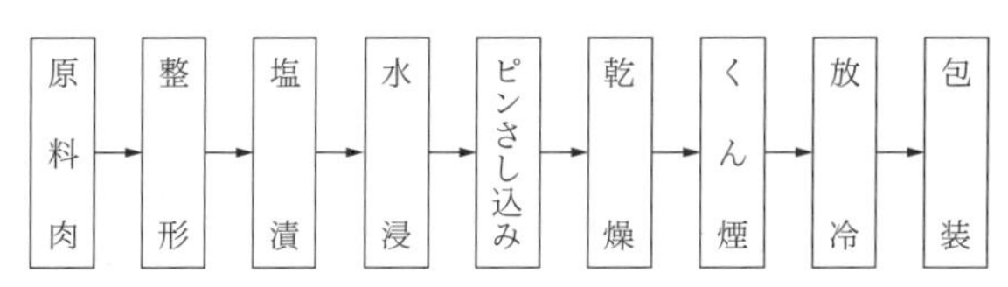

図 6.1　ベーコンの製造工程

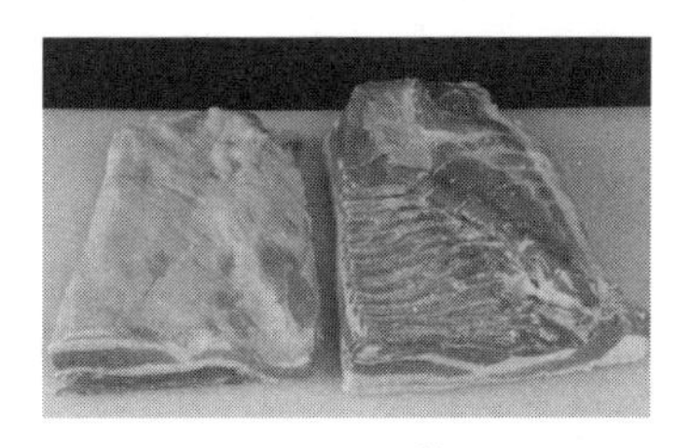

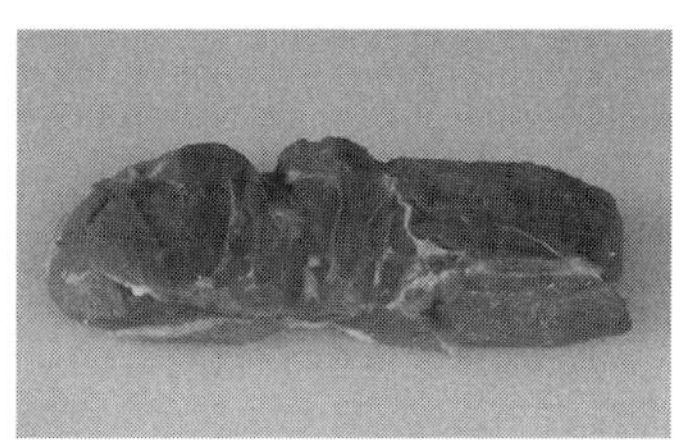

ベーコン原料　　ショルダーベーコン原料

写真 6.12　ベーコン原料肉

（公社）全国食肉学校「食肉処理技法」

とする．

くん煙は30℃以下の冷くん法で行われる．肉面が一様にキツネ色状になり，重量が整形後の80％前後になる時点を終了の目安としている．

本来，ベーコンは貯蔵性の高い製品であるので，肉片を持ち上げた時に，ぴんと立つ位に乾燥されているのが良いとされているが，最近は1日で塩漬，くん煙をする嗜好性に重点がおかれた促成品が多い．くん煙終了後は自然放冷をして，包装，製品とする．

6.8　ハム類の製造工程

1）　原 料 肉

豚肉は雌または去勢で，生体重が85～105 kgの屠体を背割りした半丸が30～40 kg位のものが最も良いとされている．

ハム類の場合原料肉の品質は製品の品質に直接反映されるため十分に吟味することが大切である．異常肉や軟脂豚など不適切な原材料は避ける．肉質はきめ細やかで，淡紅色をして光沢があって鮮明なもので，脂肪は純白に近く，粘りがあって芳香のあるものが良いとされている．

もも肉をボンレスハムにするときは，骨付きのまま塩漬してから脱骨して製造していたが，最近はうちもも，しんたま，らん，そとももの4分割にして，そとももは小型のボンレスハムに，しんたまはラックスハムに使うことが多い．

2）整　形

肉塊から不要の皮，骨，筋，脂肪などを取除いて，種類に応じた形に整える．製品の断面は筋肉と脂肪の割合が品質に影響を及ぼすので，脂肪層を削る作業は品質管理上かなり重要である．

3）塩　漬

近年の塩漬は従来の湿塩漬や乾塩漬に代って，ピックル液注入法が多い．本章 6.6.1「3）塩漬の方法」を参照．

4）塩抜き

塩漬が完了した肉は，肉中の塩分を均一にし，さらに汚れをとるため 10 ～ 15℃の流水に 1 時間ほど漬けて塩出しをする．

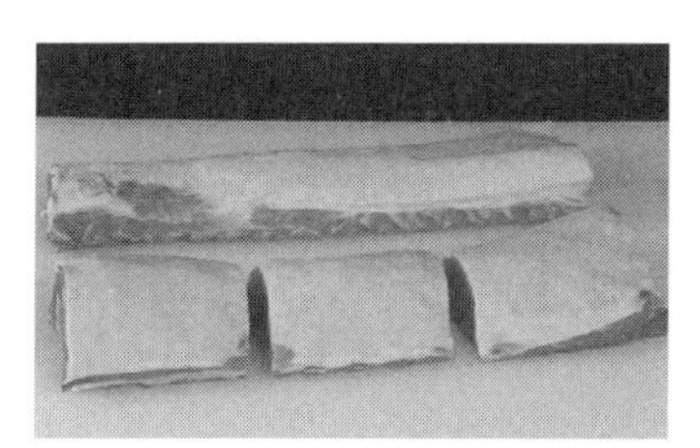

ロースハム原料

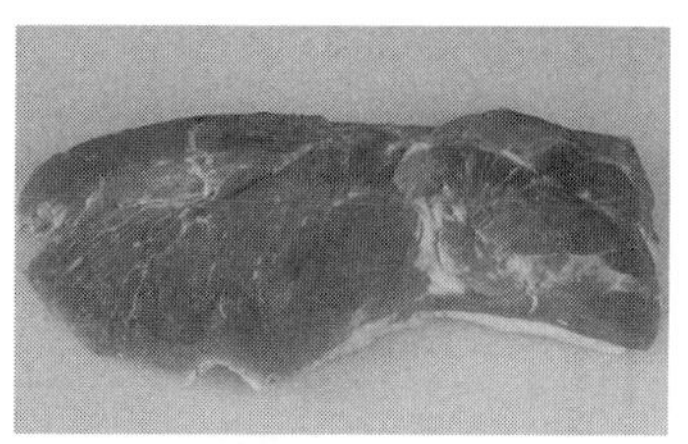

ボンレスハム原料

ショルダーハム原料

写真 6.13　ハムの原料肉

（公社）全国食肉学校「食肉処理技法」

5) 充填・巻締め

従来，ハムは布で肉塊を包み，円筒状にきつく巻締めたが，現在では通気性があって，乾燥するにしたがって収縮し，強度もあるファイブラスケーシングに充填している．

6) くん煙・ボイル

巻締めの終わったものは，表面の水分を乾燥させてからくん煙を行う．骨付きハムやラックスハムのようにボイルをしない製品

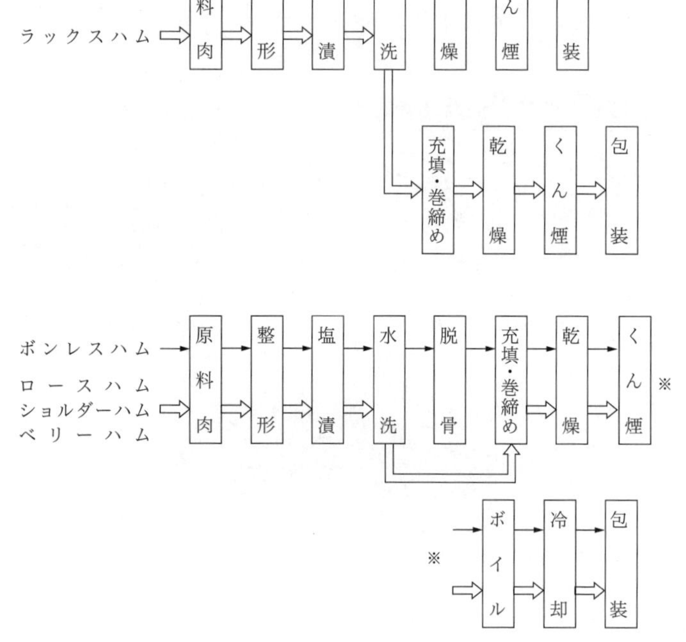

図 6.2　ハムの製造工程

は，30℃以下の冷くん法で行い，骨付きハムでは約1週間が目安とされている．

ボイルをするロースハムやボンレスハムなどは，30～50℃の温くん法がとられている．この温度は脂肪が溶出し始め，タンパク質の熱凝固が始まる温度で，大型のボンレスハムでは，5～6時間行った後ボイルを行う．

ボイルはハムの大きさや，初温などによって異なるが，標準は中心温度が63℃，30分保つことを条件として行う．

6.9　プレスハムの製造工程

1）原料肉

JASでは肉塊として，畜肉（豚肉，牛肉，馬肉，めん羊肉，山羊肉）を，つなぎは畜肉や家兎肉のひき肉としているが，結着力が品質を左右するので，できるだけ新鮮なものが求められる．

写真6.14　プレスハム原料肉
（公社）全国食肉学校「食肉処理技法」

豚肉のロース部やもも部は，単味品としてロースハムやボンレスハムに加工製造した方が高価に販売できるので，つなぎ肉には結合組織の多いかた肉などが，結着力の良さからもよく利用される．

牛肉はかた肉やほほ肉など

が，結着力が良くつなぎ肉として利用される．

馬肉は脂肪が少ないが，結着力が弱いので，あまり多量には使用されない．肉色の濃い場合は，冷水中に一晩位浸漬して脱色するなどの工夫がなされている．

めん羊肉は大きな肉塊が得られないので，すべての部位がプレスハムの原料として使用される．一種の臭気があるので，脂肪はできるだけ除去して肉だけを利用した方がよい．山羊肉もめん羊肉と同様に脂肪を除去して利用したほうがよい．

家兎肉は肉塊は小さいが，畜肉の中では結着力が特に強いので，細切してつなぎ肉としての利用が有効である．

肉塊として使用する原料肉は，JAS では 1 片が 20 g 以上と規定されているので，これに合せて細切する．つなぎとして使用する原料肉は，細目のプレートを用いた肉ひき機でひき肉とする．脂肪は 1 ～ 2 cm 位の立方体に細切して使用する．

2） 塩　　漬

細切した肉塊，脂肪塊は別々に乾塩漬法で塩漬をする．混合塩は肉重量の 3%程度で，配合は食塩に対し，硝石 5%，砂糖 10%などを参考にして，肉に振りかけよく混合し，2 ～ 3℃位の低温で 3 ～ 4 日間位冷蔵して塩漬をする．

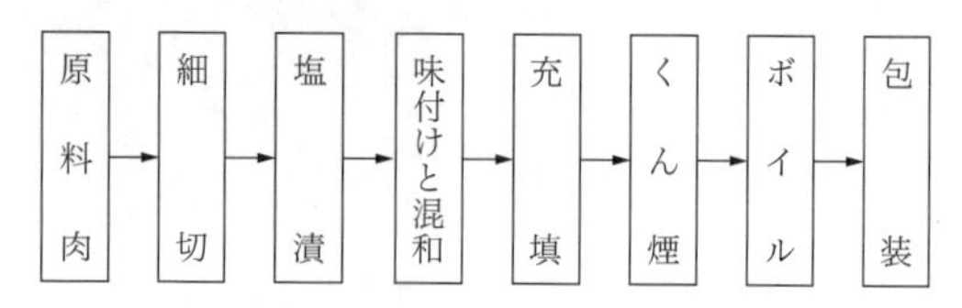

図 6.3 プレスハムの製造工程

塩漬剤が肉塊の中心まで浸透すると，肉色は濃赤色になり，結着力も増してくる．

3）味付けと混和，充填

塩漬終了後，調味料や香辛料を加え味付けをする．配合例としては，白こしょう0.3%，カルダモン0.1%，ナツメグ0.1%，メース0.1%，オニオン0.2%，化学調味料0.3～0.5%などがある．

混和は原料肉につなぎ肉を入れ，さらに調味料，香辛料などを加えてミキサーでよく混和する．混和された原料肉は，スタッファーなどでケーシングに充填される．

ケーシングには塩ビ系フィルムや人工合成樹脂系フィルムなどが使われていたが，通気性がないため，セルロースや動植物繊維の人工ケーシングが使われている．充填には金網で作った箱型のリテーナーが使用される．

4）くん煙・ボイル

充填の終わったものは，くん煙室内に移し，50℃位でケーシングの表面が乾く程度の乾燥を行ってから，くん煙をする．くん煙は60℃位で1～2時間程度行う．くん煙は保存性よりスモーク臭や発色に主眼を置いて行う．

くん煙の終了したものは，75℃で約2時間ボイルをする．ボイル後は速やかに冷水中で冷却し，冷却後は水を切っておく．

6.10 ソーセージの製造工程

1) 原 料 肉

原料肉として豚，牛，馬，めん羊，山羊の畜肉および，家きん肉，家兎肉が使用される．ハム・ベーコンなどを作る時，整形した時に生じる残肉などが有効に利用される．

原料肉は結着力が重視されるので，新鮮なものが求められ，肉温も15℃以内に保たねばならない．脂肪は結着力を著しく低下させるので，必ず赤肉とは分離して処理をする．脂肪の量は，ソーセージの肉質をなめらかにするなど組織を改善するが，あまり多く使用すると分離が起こるので，一般には嗜好なども考慮して，赤肉85～80%，脂肪15～20%位の割合にしている．

写真 6.15　ソーセージ原料肉
（公社）全国食肉学校「食肉処理技法」

2) 塩　　漬

肉の結着力を高めるために乾塩漬法を行う．肉片は2～3 cm角位に細切し，食塩2.5～3%，硝石0.05～0.1%，亜硝酸塩0.005～0.01%を混合したものを撹拌しながら肉に混ぜ込み，冷暗所に2～3日放置しておく．

フレッシュソーセージは塩漬を行わない．無塩漬ソーセージは，原料肉を混合塩と一緒に混和機に入れるカッター塩漬を行っている．

3)　肉ひき

肉塊，脂肪は2〜3 cm位に角切りにし，これを肉ひき機（チョッパー）でひき肉とする．プレートは5 mm目位で，肉をひく時の負荷による肉温の上昇をできるだけ防ぐ．肉ひき機を冷やしておいたり，プレート上で肉などがよく切断できるよう，ナイフとプレートをあらかじめ調整しておく．作業中の肉温は10℃位までとし，5℃位が最適で，肉温の上昇を氷のうなどを使って防ぐなど，温度管理は重要である．

荒びきで製品にする場合は，カッティングをしないので肉と脂肪は同時にひいてもよいが，カッティングをする場合は別々にひき肉とする．

4)　調　味

ウインナーソーセージの配合は，原料肉（脂肪を含む）に対して，

食塩	2.6%	カルダモン	0.1%
白こしょう	0.1%	ナツメグ	0.2%
黒こしょう	0.2%	ガーリック	0.1%
砂糖	0.1%		

などで，これらは決められた配合ではなく，製品の味と独自性を持たせるために製造者それぞれの配合を考案することがむしろ大切である．発色剤についても同様に必須のものではない．

5)　カッティング

サイレントカッターで原料のひき肉をカッティングする．原料肉に食塩を加えてカッティングすると，粘稠になって回転時に肉

温が上昇するので，原料の15％程度の氷水を3回位に分けて加え，温度と肉の粘りの調節をする．この間に調味剤も加え，肉のみが均質に練り上がったら，最後に脂肪を加えて，生地を均質にする．

カッティング時の肉温の上昇は，脂肪分離の原因となるので特に注意しなければならない．最終温度は10～12℃程度が良いとされる．

6) 充　填

練り上がった生地は，スタッファーで充填するが，スタッファーのシリンダー内には，生地を団子状にして，たたきつけるように投入するなどして，生地内の空気を抜く．

天然腸のケーシングは，塩抜きのため，少なくとも充填30分前には水に漬け，使用する時その水をぬるま湯にすると，ノズルへの装着が楽にできる．

ウインナーソーセージは羊腸，フランクフルトソーセージは豚腸，ボロニアソーセージは牛腸にそれぞれ充填される．

羊腸，豚腸は1束をハンクといい，羊腸では直径14～24 mmのものに1ハンクで約19 kg充填でき，豚腸では29～35 mm径のものに約52kg充填できる．

ケーシングに充填をしたら，羊腸は6～8 cm，豚腸では11～13 cm位に，ひねりを入れて鎖状に編む．混入した空気は針で抜く．

7) くん煙，ボイル，冷却

35～40℃で30～60分乾燥し，表面がざらざらしたら40～

45℃で30～60分くん煙を行う．次いで75℃で製品の中心温度が63℃，30分以上の条件をクリアできるようにボイルを行う．ボイル後は冷水中で急冷却をする．これらは本来の目的でのくん煙，ボイルであるが，近年は嗜好性の向上を目的に，くん煙ムラをなくすために全自動スモークハウスで熱処理全般を行うように変わってきた．

基本的には，天然腸や可食人造ケーシングでは，55～60℃位で20～30分表面乾燥を行い，不可食人造ケーシングでは，ピー

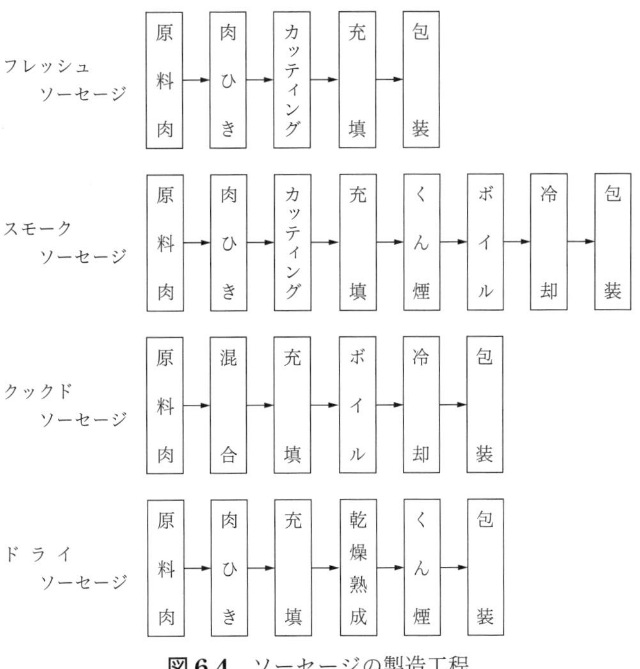

図6.4　ソーセージの製造工程

リング（皮むき）工程を容易にするため，50～55℃で60～70%の加温をする．場合によっては，くん煙に移る前にスモーク色がつきやすくするため，中心温度を40℃前後になるよう，60～65℃で加湿をせずにゆるやかな乾燥を行う．

くん煙は最初に加湿をしないで65～70℃で行う．次いで加湿による製品への熱の伝導をよくするため，天然腸，可食ケーシングでは65～70℃で30～40%の加湿，不可食ケーシングでは70℃前後で55～65%の加湿でくん煙をする．

ボイルはケーシングの種類にかかわらず75～78℃で行う．

冷却は天然腸，可食ケーシングでは2～5℃で風乾冷却を20分間，不可食ケーシングでは2～5℃のブライン冷却（塩水による冷却）を20分行って急冷する．

6.11　新製品開発に向けた課題

畜肉加工品の手作りとは必ずしも機械を使用しないという意味でなく，材料を吟味し，伝統的な手法で手間ひまかけて作るといった内容を意味している．

具体的には，原材料の厳選から始まり，塩漬は，乾塩漬，湿塩漬，ピックル注入法を問わないが，ピックル注入法ではピックルの注入率を15%までとしている．これは湿塩漬でも同程度のピックルを吸収して膨潤することが根拠になっている．

結着材料の使用をJASでは認めているが，必ずしも使用する必要はない．重合リン酸塩を使用する場合は0.3%以下とし，天

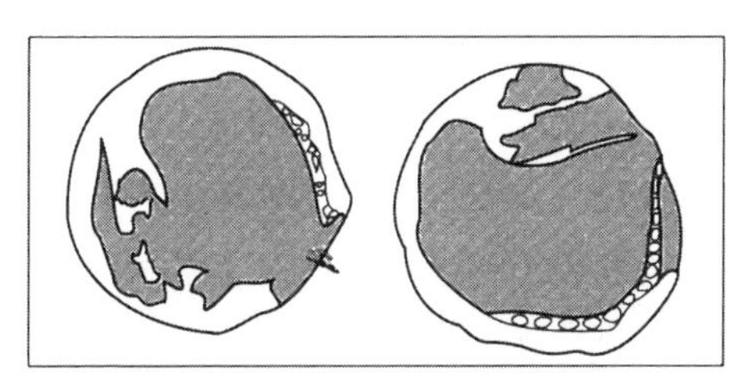

図 6.5　メーカーが選んだ形態の良い製品の断面図
（東京都農業試験場研究報告　第 11 号　昭和 53 年 3 月）

然調味料や化学調味料の使用は製品の熟成風味を損なわない程度にとどめ，塩漬期間は十分にとって，熟成風味の醸成と発色が十分に認められることが必要である．

鈴木らはロースハムの品質評価基準を知るため，断面形態や食品にかかわる成分などについて，市販品を測定したところ断面積は約 48 cm^2 で，そのうちの 63％を筋肉が占めていた．断面積のバラツキは筋肉部ではなく脂肪部分のバラツキによるところが大きく，このことが食塩量やアミノ態窒素のバラツキを大きくして，食味上の品質に大きな影響を及ぼしていた．

筆者らは TOKYO-X の加工適性を知るために，ハムの製造を行った．生時体重 90，110，130 kg 到達時の精肉にピックル液注入を行わずに，塩漬液の組成を変えて 14 日間浸漬し熟成を行ったところ，十分な熟成を得るためには生後 5 ヵ月以上，生時体重で 110 kg 以上であることが望ましかった．ピックル液注入を行わなくとも 4℃で 2 週間浸漬することで熟成は進み遊離アミノ酸のうちカルノシンが全遊離アミノ酸の 54 ～ 74％を占めていることを報告した．

表 6.3　TOKYO-X の熟成期間中および製品の遊離アミノ酸総量

(mg/100 g)

アミノ酸		90 kg 区			180 kg 区		
		3日目	8日目	製　品	3日目	8日目	製　品
アスパラギン酸	Asp	1.2	1.5	3.1	1.9	2.1	3.3
スレオニン	Thr	2.0	3.3	8.7	4.6	4.9	7.6
セリン	Ser	2.8	4.8	11.0	6.5	7.3	10.7
アスパラギン	$AspNH_2$			6.2			5.0
グルタミン酸	Glu	67.3	75.6	34.7	33.8	34.8	36.0
プロリン	Pro	4.6	6.6	9.3	7.2	6.1	8.1
グリシン	Gly	5.5	8.1	10.5	7.4	8.1	10.3
アラニン	Ala	8.0	12.6	19.8	13.4	14.2	19.0
バリン	Val	2.3	4.1	10.8	5.9	6.0	9.5
メテオニン	Met	1.8	5.1	8.2	7.9	8.4	8.5
イソロイシン	Ile	1.5	5.5	10.6	7.0	7.2	7.4
ロイシン	Leu	3.1	7.2	16.5	9.7	10.4	13.5
チロシン	Tyr	2.4	5.5	11.1	7.9	8.4	10.4
フェニルアラニン	Phe	2.1	4.0	9.0	6.2	6.6	9.4
リジン	Lys	3.4	6.2	15.6	7.7	8.6	12.3
ヒスチジン	His	1.1	2.2	5.3	3.0	3.1	4.8
アンセリン	Ans	9.8	11.4	20.5	17.6	26.6	23.5
カルノシン	Car	139.5	204.4	264.2	452.2	478.9	508.4
アルギニン	Arg	4.0	7.1	13.7	8.0	8.6	12.8
合　　計		262.6	375.1	488.6	607.9	650.4	720.3

(東京都立食品技術センター研究報告　第7号　平成10年3月)

食環境の動向などから見て，食生活における畜肉製品の今後の需要は，一層安定的な供給が基本となり，さらに安全性も強く求められる．このような現状から，ベーコン，ハム，ソーセージなどの食肉加工品も品質向上を図り，独自のスパイス配合等によって特徴を出し，本格的で高級感のある商品やフレッシュソーセージなど，家庭の手作り感を楽しむなどの多様化に対応した商品が望まれる．

6.12　新製品開発に向けた技術

食肉製品の歩留り向上，肉質改善や生臭みの改善などの品質改良技術や加工技術分野での進歩はめざましいものがある．特に近年では高齢者に対応した食肉製品の開発などが急務と言われている．

1）　超高圧製法

食品加工に1,000気圧以上の圧力を利用して非加熱による殺菌が可能になり，加熱によらない物性変性がおこり，新しい食感の食肉加工品の期待がある．実際に魚介類で商品化されており，肉製品分野でも，チルド製品でありながら日持ち向上が期待できるロングライフチルド（LLC）への応用や生のような食感を表現できる肉製品の提案も可能となる．

「まるごとエキス」装置外観

写真 6.16　超高圧試験機

（東洋高圧㈱）

酵素処理など既存の技術を組み合わせることで，熱処理が行われないことから新たな食肉製品の可能性も考えられる．

2） 氷温熟成肉

氷温温度帯（0℃以下の氷結温度）に肉を晒すことで細胞自身の自己防御機能により，旨味成分や呈味遊離アミノ酸が増加し，有害となる微生物の繁殖を抑制することが期待できる．この技術を使い牛肉の熟成試験や鶏肉のチルド輸送が行われている．

3） ジビエ利用

技術の分野ではないが食肉資源として野生鳥獣肉（ジビエ）の利用も上げることができる．平成27年度（2015年）の環境省調査ではシカ，イノシシの捕獲頭数はそれぞれ58万頭と55万頭である．また農林水産省ではシカ，イノシシの生息頭数を平成35年（2023年）には，平成25年（2013年）比で半分の205万頭と目標を定めており，平成26年度の食肉への利用率が14%であったものを平成30年度には30%に引き上げる計画である．そのためには捕獲のための施設，人材確保などの環境整備などの取組が検討され予算化も行われている．また平成26年に，狩猟者，食肉処理業者，飲食店業者が守るべき衛生管理ついてのガイドライン整備も策定された（2章　2.2.9参照）．

4） ハラール食に向けた加工品

宗教上の理由からイスラム教では豚肉はハラーム（不法の意：イスラム教徒が食することのできないもの）と言われ忌み嫌い口にすることは禁じられている．ハラール（合法の意：イスラム教徒が問題なく食することができるもの）では，肉畜の飼育法やと畜法にも規定された方法があり，豚以外の肉畜であっても定められた方法で処理されなければハラームとされる．日本が世界に向けて観光立国を目指している中で，鶏肉，牛肉などを使った新たな需要を開拓するためには，ハラール認証を受けることも要望されてくる．

5）二軸エクストルーダ

二軸エクストルーダは，移送，圧縮，混合，混練，剪断，化学反応（クッキング），殺菌，膨化，成型などの工程を同時に，かつ短時間に連続的に処理する機能をもっている．

欧米においては，食肉およびその複製物を利用したエクストルージョン・クッキング処理で，ペット・フードやスナックなどの製品が紹介されている．

参考文献

1) 食肉加工シリーズ，肉製品，光琳（1963）
2) 食の科学，No.42，特別企画「食肉加工品」，丸ノ内出版（1978）
3) 鈴木，沼田，佐藤，東京都農業試験場研究報告 No.11（1978）
4) ベーコン類，農林物資規格集，（社）日本農林規格協会（1988）
5) 食肉処理技法，公益社団法人全国食肉学校（2012）
6) 食肉加工品の知識，公益社団法人日本食肉協議会（2013）
7) 三枝，河野，東京都立食品技術センター研究報告　No. 7（1998）
8) 国産食肉の安全・安心 2015 One World One Health，公益社団法人日本食肉消費総合センター（2015）

7.　食肉製品とJAS規格

7.1　JAS制定の経緯

JASはJapanese Agricultural Standardの3つの頭文字をとった日本農林規格の略称であり，原材料や品質を表示し消費者が商品の購入の一助とするために「農林物資の規格化及び品質表示の適正化に関する法律」(農林物資規格法) が昭和25年 (1950年) 5月に公布された．畜肉製品のJASは昭和37年 (1962年) 3月12日に，魚肉ハム，魚肉ソーセージも同年に制定された．その後，JAS規格の品目については品質表示基準が定められ，必要に応じて改正されている．

JAS規格には，一定の品質や特別な方法で作られていることを保証する「JAS規格制度」と原材料，原産地など品質に関して一定の表示を義務付ける「品質表示基準」がある．食肉加工品では品位，成分，性能等の品質についての基準を定めて「一般JAS規格」，製造工程で熟成などを行うものは「特定JAS規格」などがある．さらに，包装容器に入ったハム・ソーセージなどでは加工食品品質表示基準と製品ごとに定められた表示基準に従った表示を行う．

畜肉製品のうち，ベーコン類，ロースハム，ボンレスハム，ラックスハム，骨付きハム，ショルダーハム，プレスハム，ソーセージ，畜産物缶詰および瓶詰，チルドハンバーグステーキ，チルドミートボール，ハンバーガーパティにJASが制定されており，ベーコン類からソーセージまでの畜肉製品は（公社）日本食肉加工協会が格付機関となっている．

JAS規格は社会の要請，要望の変化に応じて対応させることから規格の整合性をとるために5年毎に見直しを行っている．

見直しに当たっては，生産量，取引量，使用量，消費動向，CODEX（食品の国際規格）規格等の国際的な規格動向，まがい物使用防止，添加物の適正使用などの観点から検討している．

現在，添加物を使用する場合については，

1.　国際連合食糧農業機関及び世界保健機関合同の食品規格委員会が定めた食品添加物に関する一般規格（CODEX STAN 192-1995, Rev.7-2006）3.2の規定に適合するものであって，かつ，その使用条件は同規格3.3（適正製造規範：GMP）の規定に適合していること

2.　使用量が正確に記録され，かつ，その記録が保管されているものであることとされている．ただし業務用の製品に使用する場合以外はこの限りではない

この規定に適合している旨の情報が，一般消費者に伝達されるものであるとされている．さらに1.の規定に適合している旨の情報が，一般消費者に次のいずれかの方法により伝達されるものであること．ただし，業務用の製品に使用する場合にあっては，この限りでない．

1) インターネットを利用し公衆の閲覧に供する方法
2) 冊子，リーフレットその他の一般消費者の目につきやすいものに表示する方法
3) 店舗内の一般消費者の目につきやすい場所に表示する方法
4) 製品に問合せ窓口を明記の上，一般消費者からの求めに応じて当該一般消費者に伝達する方法

としている．

7.2 JAS の検査方法と実績

検査は試料を抽出して行い，抽出の割合は，原料および製造条件が同一と認められる同一品種の 1 日分の製造荷口を検査荷口とし，その検査荷口から無作為に個口の大きさに対して抽出個数が決められ，JAS 法に基づいて検査を実施し，すべてが合格の標準に適合するときは合格の格付けをする．これを第 1 種検査方法という．

次いで 1 日分の製造荷口を対象として，試料を抽出して実施する第 2 種格付方法を行い，この方法に連続 7 回合格すれば，7 日間に製造されるものの製造荷口を対象とする第 2 種検査方法で格付することができる．

第 2 種検査方法で合格に格付されなかった検査荷口があった場合は，第 1 種検査方法に従うことになる．

日本ハム・ソーセージ工業協同組合の統計では，平成 28 年（2016 年）の JAS の格付け実績は，総合計で 12 万 510 トンであり，

平成 18 年（2006 年）の 13 万 2,097 トンから比べると約 9%減少している．特にハム類は 1 万 1,436 トンから 7,763 トンと約 32%も減少している．このように JAS の受検率が少なくなっている要因として，JAS は製品の一定限度以上の品質の保持が目的とされており，消費者のニーズに対応した独自の製法や製品は，JAS の対象にはならないことも考えられる．

平成 7 年（1995 年）に消費者の高級志向や製品の個性化に合わせるために原料肉を一定期間以上低温で塩漬・熟成させた，「熟成ベーコン類」，「熟成ハム類」，「熟成ソーセージ類」の特定 JAS 規格が制定され，平成 28 年に最終改正が行われた．平成 28 年（2016 年）の熟成ハム等 JAS 格付け実績は，総合計で 2 万 5,529 ト

表 7.1　JAS の格付け実績

（単位：トン）

平成	ベーコン類	ハム類	プレスハム	ソーセージ	合　計
18	5,156	11,436	405	115,097	132,097
19	4,626	10,631	307	109,960	125,524
20	4,275	9,464	254	110,393	124,388
21	3,673	9,158	285	107,272	120,390
22	3,430	8,999	271	102,036	114,738
23	3,160	9,074	270	99,012	111,518
24	3,041	9,577	231	100,353	113,204
25	2,905	8,898	452	101,316	113,573
26	2,660	8,439	436	104,455	115,992
27	2,653	7,850	383	105,629	116,517
28	2,579	7,763	360	109,807	120,510

日本ハムソーセージ工業協同組合「食肉加工品データ」

表7.2　熟成ハム等JAS格付け実績

（単位：トン）

平成	熟成ベーコン類	熟成ハム類	熟成ソーセージ類	合　計
18	628	1,295	19,697	21,622
19	571	1,354	19,711	21,636
20	501	1,239	20,436	22,177
21	473	1,345	21,318	23,138
22	482	1,387	24,051	25,921
23	516	1,418	24,273	26,209
24	514	1,420	25,714	27,649
25	641	1,926	26,308	28,876
26	657	2,213	22,283	25,154
27	623	2,094	21,988	24,707
28	677	2,088	22,763,	25,529

日本ハムソーセージ工業協同組合「食肉加工品データ」

ンであり，平成18年（2006年）の2万1,622トンと比べると18%増加しており，特に熟成ハム類は平成18年の1,295トンから平成28年には2,088トンと1.6倍以上も増加している．全体では熟成ソーセージ類が平成28年で2万2,763トンで全合計の89.0%を占めている．

なお，混合プレスハムは平成14年（2002年），ベリーハムは平成16年（2004年），混合ソーセージは平成26年（2014年）にそれぞれJAS規格が廃止された．

7.3　ベーコン類

ベーコンの生産は，昭和50年代に入り急激に伸びはじめ，平成28年（2016年）には畜肉製品の17％がベーコン類であり，日本人の食生活の洋風化傾向などから，その需要は定着しているものと思われる（6章表6.1参照）.

ベーコン類の格付け実績は年々減少しており，平成28年には2,579トンであり平成18年（2006年）の5,156トンと比較するとおよそ半減している.

1)　種類と特徴

ベーコンは豚のわき腹肉（ばら肉）を塩漬，くん煙したもので，くん煙をした畜肉製品の代表的存在である.

ベーコンの製造起源は明らかではないが，かなり古くから作られていたようで，欧米では，ベーコンはスープや調味に欠くことのできない重要な食品とされ，豚の品種改良も胴体部分の長い胴長タイプに改良されたほどである.

胴長タイプのベーコン型といわれるランドレース種はわが国にも導入されているが，産肉性が優れ，ばら肉部分が多い．食肉加工業界では，導入当初はベーコン需要の現状からみて，ランドレースの導入は加工業界にとっては失敗であったとさえいわれていたが，近年は需要も順調に伸びて，その声も聞かれなくなった.

湯むきをした枝肉は皮つきのままベーコンにするが，一般には剥皮した枝肉から作られ，特殊なものにロールドベーコン，ボイルドベーコンがある．

ロールドベーコンは厚みの薄いばら肉を，肉面を内側にして巻込み，ケーシングに充填巻締めをして，70℃で1～2時間ボイルしたもので，断面はらせん状に赤肉が入って美しい．

表7.3　ベーコン類のJAS定義

用　語	定　義
ベーコン	次に掲げるものをいう． 1　豚のばら肉（骨付のものを含む．）を整形し，塩漬し，及びくん煙したもの 2　ミドルベーコン又はサイドベーコンのばら肉（骨付のものを含む．）を切り取り，整形したもの 3　1又は2をブロック，スライス又はその他の形状に切断したもの
ロースベーコン	次に掲げるものをいう． 1　豚のロース肉（骨付のものを含む．）を整形し，塩漬し，及びくん煙したもの 2　ミドルベーコン又はサイドベーコンのロース肉（骨付のものを含む．）を切り取り，整形したもの 3　1又は2をブロック，スライス又はその他の形状に切断したもの
ショルダーベーコン	次に掲げるものをいう． 1　豚の肩肉（骨付のものを含む．）を整形し，塩漬し，及びくん煙したもの 2　サイドベーコンの肩肉（骨付のものを含む．）を切り取り，整形したもの 3　1又は2をブロック，スライス又はその他の形状に切断したもの
ミドルベーコン	次に掲げるものをいう． 1　豚の胴肉を塩漬し，及びくん煙したもの 2　サイドベーコンの胴肉を切り取り，整形したもの
サイドベーコン	豚の半丸枝肉を塩漬し，及びくん煙したものをいう．

ボイルドベーコンは肋骨をつけたまま塩漬をし，終了後，着色料を入れた液でボイルをし，ボイル後肋骨を除き，板で重石をのせて平らにして製品とする.

2) JAS

JAS で定めるベーコン類の定義は表 7.3 に示すとおりである.ベーコン類の規格は，ベーコン，ロースベーコンおよびショルダーベーコンに適用し，豚のばら肉を使用して製造されたものを，特級，上級，標準の 3 区分ごとに「品位」を定めている.「赤肉中の粗タンパク質」は，特級が 18％以上，上級が 16.5％以上，標準は 16.5％以上であるが結着材料を使用した場合は 17％以上で「製品中の結着材料」の使用量は 1.0％以下と定めており，標準品のみ原材料に結着材料の使用が認められている．ロースベーコンについては豚ロース肉を，ショルダーベーコンについては豚肩肉を使用することと使用部位の規定に定められている.

7.4　ハ ム 類

平成 28 年度（2016 年）におけるハム類の生産量の 76.8％がロースハムである．生産の季節性も贈答シーズンにピークがあるなど，商品としての位置づけもはっきりしており，今後ともその傾向は変らないと思われる（6 章表 6.1 参照）.

ハム類の格付け実績量は平成 28 年では 7,763 トンであり，ベーコン類と同様に平成 18 年（2006 年）の 11,436 トンからは 3 割ほど実績量は減少している.

1） 種類と特徴

本来は豚のもも肉のことをハムと称し，もも肉を塩漬，くん煙しただけのものを指していたが，現在は豚の肉塊を塩漬加工したものをハムというようになった.

わが国のハムの製造起源は，明治5年（1872年），長崎でアメリカ人ペンスニから伝授されたのに始まり，通商の主体が横浜に移るに従って，イギリス人ウィリアム・カーティスによって，いわゆる鎌倉ハムが作られた.

ハムの王様といわれる骨付きハムは，もも肉を骨付きのまま長期間塩漬し，低温でゆっくりと乾燥，くん煙して仕上げたもので，ハムの歴史は骨付きハムから始まったといわれている.

ボンレスハムは，もも肉から脱骨して製造したもののことであるが，現在はもも肉を小分割して作る小型品までを含めてボンレスハムとよんでいる.

ロースハムは，わが国が開発したボイルドハムで，現在はハムの代表的存在になっている.

ショルダーハムは豚のかた肉が原料肉となる. ラックスハムは断面があざやかな鮮紅色をしており，サケのように赤いことから，ドイツ語でサケを意味するラックスを当ててこの名がある. いわゆる生ハムで，よくラックスシンケンとあるのはラックスハムのドイツ語読みである.

2） JAS

ハム類の規格は，骨付きハム，ボンレスハム，ロースハム，ショルダーハム，ラックスハムに適用され，その定義は表7.4に

表 7.4 ハム類のJASの定義

用語	定義
骨付きハム	次に掲げるものをいう． 1 豚のももを骨付きのまま整形し，塩漬（せき）し，及びくん煙し，又はくん煙しないで乾燥したもの 2 1を湯煮し，または蒸煮したもの 3 サイドベーコンのもも肉を切り取り，骨付きのまま整形したもの 4 1，2又は3をブロック，スライス又はその他の形状に切断したもの
ボンレスハム	次に掲げるものをいう． 1 豚のももを整形し，塩漬（せき）し，骨を抜き，ケーシング等で包装した後，くん煙し，及び湯煮し，若しくは蒸煮したもの又はくん煙しないで，湯煮し，若しくは蒸煮したもの 2 豚のもも肉を分割して整形し，塩漬（せき）し，ケーシング等で包装した後，くん煙し，及び湯煮し，若しくは蒸煮したもの又はくん煙しないで，湯煮し，若しくは蒸煮したもの 3 1又は2をブロック，スライス又はその他の形状に切断したもの
ロースハム	次に掲げるものをいう． 1 豚のロース肉を整形し，塩漬（せき）し，ケーシング等で包装した後，くん煙し，及び湯煮し，若しくは蒸煮したもの又はくん煙しないで，湯煮し，若しくは蒸煮したもの 2 1をブロック，スライス又はその他の形状に切断したもの
ショルダーハム	次に掲げるものをいう． 1 豚の肩肉を整形し，塩漬（せき）し，ケーシング等で包装した後，くん煙し，及び湯煮し，若しくは蒸煮したもの又はくん煙しないで，湯煮し，若しくは蒸煮したもの 2 1をブロック，スライス又はその他の形状に切断したもの
ラックスハム	次に掲げるものをいう． 1 豚の肩肉，ロース肉又はもも肉を整形し，塩漬（せき）し，ケーシング等で包装した後，低温でくん煙し，又はくん煙しないで乾燥したもの 2 1をブロック，スライス又はその他の形状に切断したもの

示すとおりである.

骨付きハムの規格は，豚の骨付きもも肉を使用して，「赤肉中の粗タンパク質」は，16.5%以上と定めている.

ボンレスハム，ロースハム，ショルダーハムの規格は，特級，上級，標準の3区分ごとに「品位」を定めている.「赤肉中の粗タンパク質」は，特級が18.0%以上，上級が16.5%以上，標準は16.5%以上であるが結着材料を使用した場合は17%以上で「製品中の結着材料」の使用量は1%以下と定めており，標準品のみ原材料に結着材料の使用が認められている．ラックスハムの規格は原料肉が豚の肩肉，ロース肉，もも肉以外のものを使用しないことと規定されており，その他の区分については骨付きハムと同様である.

7.5 プレスハム

プレスハムはわが国独特の製品で，「寄せハム」とも称している．肉の結着力を利用して小さな肉片を密着させ，ケーシングに詰め大きな一つの肉塊にまとめたものである．原料は時代とともに変化しており現在ではおもに豚，牛肉が使用されるが馬肉，羊肉を使用したり，つなぎとして兎肉を使用する場合もある．つなぎの占める割合は20%を越えない.

プレスハム（混合ハム，チョップドハム含む）の生産量は平成28年（2016年）でハム全体のうちの23.3%となっている（6章表6.1参照）.

プレスハムの格付け実績は平成28年で360トンと絶対量は少ないものの最近の10年間では横ばいで推移している.

1) JAS

プレスハムの規格は特級,上級,標準の基準に区分され,それぞれの区分ごとの品位が外観・形態,色沢,香味,肉質・結着について設けられている.水分は特級が60～72%以下,上級・標準は60～75%以下としている.

原材料の肉塊は20g以上の大きさで,特級では豚肉のみとし,含有率は90%以上,上級では90%以上の肉塊のうち豚肉は50%以上とし,標準は肉塊として85%以上であるとしている.

肉塊は特級では豚肉のみ,上級は牛肉,馬肉,山羊肉,めん羊肉とし,標準は家きん肉の使用が認められている.肉以外つなぎ材料として,でん粉,小麦粉,コーンミール,植物性タンパク,卵タンパク,乳タンパク,血液タンパクが認められて,含有率は特級,上級ではこれらが3%以下であり,標準は5%以下で,かつでん粉,小麦粉,コーンミールの含有率が3%以下とされてい

表 7.5 プレスハムのJASの定義

用　語	定　義
プレスハム	次に掲げるものをいう. 1　肉塊を塩漬(せき)したもの又はこれにつなぎをを加えたもの(つなぎの占める割合が20%を超えるものを除く.)に調味料及び香辛料で調味し,結着補強剤,酸化防止剤,保存料等を加え,又は加えないで混合し,ケーシングに充填した後,くん煙し,及び湯煮し,若しくは蒸煮したもの又はくん煙しないで,湯煮し,若しくは蒸煮したもの 2　1をブロック,スライス又はその他の形状に切断したもの

る．着色料の使用は認められていない．

7.6 ソーセージ

平成28年（2016年）におけるソーセージの生産量は畜肉製品の56.9%を占め，そのうち73.6%がウインナーソーセージである（6章表6.1参照）．

ソーセージの格付け実績量は平成28年までの過去10年間は10万トン台で推移しており全格付け実績量の90%近くを占めている．

ソーセージは原料肉が多種類であり，使われる添加物も種類が多く，製品に対する不信感の強かった時期があったが，最近はウインナーソーセージのもつ，愛らしい形態，適当な値頃，栄養に加えて，ファッション性も手伝い，さらには利用の簡便性なども加わって需要が多くなってきた．

1） 種類と特徴

一般には貯蔵性からドメスティックソーセージとドライソーセージに分けられ，さらにドメスティックソーセージは製法別に，フレッシュソーセージ，スモークソーセージ，クックドソーセージに分類される．

a） ドメスティックソーセージ

①フレッシュソーセージ：生肉をひき，食塩，調味料，香辛料を加え，カッティングをしたのち，ケーシングに充填しただけの生ソーセージで，新鮮なうちに焼く，煮るなど，

家庭で調理して食用に供する.

②スモーククックドソーセージ：最も一般的なソーセージで，くん煙とボイルがフレッシュソーセージの工程に加わり，色や香りで食欲をそそり，やや保存性が向上するなど，一番需要が多い．ケーシングや内容物によって，ウインナー，ボロニア，フランクフルト，リオナソーセージなどとよばれている.

ウインナーソーセージは牛や豚肉などを原料として，羊腸に充填するか太さが20 ㎜未満の人工ケーシングに充填したもの.

フランクフルトソーセージは豚腸に充填するか，太さが20 ～ 36 mm の人工ケーシングに充填したもの.

ボロニアソーセージは牛腸に充填したもので太さが36mm以上あるもの.

リオナソーセージはグリーンピースやピーマンなどの野菜，穀類，ベーコン，ハムやチーズなどを加え，牛腸に充填した大型のスモークソーセージ.

③クックドソーセージ：くん煙をしないでボイルだけするもので，ヘッドチーズ，ブラッドソーセージ，レバーペーストなどがある.

ヘッドチーズは湯はぎで生じる皮，耳，鼻などを利用して作るもので，皮などに含まれるゼラチンによって固めたもの.

ブラッドソーセージは，豚の血液と豚の頭肉，心臓，舌,皮などを塩漬，細切したものを混ぜ合せ，豚盲腸などに充填，くん煙，ボイルしたもの．

レバーペーストは豚肝臓をプレートの細目で肉ひきし，豚肉，脂肪も細目で細かくし，練り合せたものを豚腸に充填，くん煙，ボイルしたもの．

b)　ドライソーセージ

ドライソーセージは長期間貯蔵できるよう低温乾燥で製造したもので，サラミソーセージはこれに属し，水分量は35％以下でボイルは行わない．セミドライソーセージはボイルなど加熱して，乾燥し水分を55％以下にしたもので，わが国では比較的好まれている．

①サマーソーセージ：豚のほほ肉，頸肉，すね肉を原料として，ひき肉にしたものを豚腸に詰め，10℃，湿度70％前後で乾燥，低温くん煙したもの．

②サラミソーセージ：豚肩，背肉，牛頸肉，豚脂肪を原料に，脂肪は細切，肉は細目のプレートでひき肉，混和後，豚腸に充填，60日位かけて乾燥し，くん煙はしないもの．

c)　特殊ソーセージ

特殊ソーセージとして，ミートローフ（牛，豚の小肉，内蔵，チーズ，卵，ゼラチンなどを使い，オーブンで蒸焼きにする），プディング（ソーセージ材料をオートミールでのばして，ケーシングに詰めボイルする）などがある．

2) JAS

a) 種類と定義

ソーセージのJASの定義は表7.6に定めるとおりである．

b) 品　質

ボロニア，フランクフルト，ウインナーソーセージの規格は特級，上級，標準の基準に区分され，それぞれの区分ごとに内容物の品位，外面の状態，水分，結着材料，原材料，添加物について基準が設けられている．外面の状態は，変形していないこと，密封が完全であること，損傷していないこと，ケーシングと内容物が遊離していないこと，ケーシングの結さつ部に内容物が付着していないことを基準にしている．水分は65％以下，原材料に魚肉類の使用はいずれの等級でも認めていない．

c) 副 資 材

特級，上級では結着材料として粗ゼラチンの使用は認めておらず，標準では5％以下まで認めている．粗ゼラチン以外の結着材料は，特級は認めておらず，上級は5％以下（でん粉，小麦粉，コーンミールの含有率は3％以下），標準では10％以下（でん粉などは5％以下）としている．

粗ゼラチン以外の結着材料は特級では使用してはならず，上級と標準では，でん粉，小麦粉，コーンミール，植物性タンパク，卵タンパク，乳タンパク，血液タンパクが使用でき，標準品では粗ゼラチンも使用可能である．調味料はいずれの等級でも食塩，砂糖，その他調味料，香辛料が認められている．

原材料は，特級，上級では豚肉，牛肉のみを使用し，標準で

表 7.6　ソーセージのJASの定義

用　　語	定　　義
ソーセージ	次に掲げるものをいう. 1　家畜，家きん若しくは家兎の肉を塩漬し，又は塩漬しないで，ひき肉したもの（以下単に「原料畜肉類」という.）に，家畜，家きん若しくは家兎の臓器及び可食部分を塩漬し又は塩漬しないで，ひき肉し又はすり潰したもの（以下単に「原料臓器類」という.）を加え又は加えないで，調味料及び香辛料で調味し，結着補強剤，酸化防止剤，保存料等を加え又は加えないで煉り合わせたものをケーシング等に充填した後，くん煙し又はくん煙しないで加熱し又は乾燥したもの（原料畜肉類中家畜及び家きんの肉の重量が家兎の肉の重量を超え，かつ，原料畜肉類の重量が原料臓器類の重量を超えるものに限る.） 2　弦慮臓器類に，原料畜肉類（その重量が弦慮臓器類の重量を超えないものに限る.）を加え又は加えないで，調味料及び香辛料で調味し，結着補強剤，酸化防止剤，保存料等を加え又は加えないで煉り合わせたものをケーシング等に充填した後，くん煙し又はくん煙しないで加熱したもの 3　1又は2に，でん粉，小麦粉，コーンミール，植物性たん白，乳たん白その他の結着材料を加えたものであって，その原材料及び添加物に占める重量の割合が15%以下であるもの 4　1，2又は3に，グリンピース，ピーマン，にんじん等の野菜，米，麦等の穀粒，ベーコン，ハム等の肉製品，チーズ等の種ものを加えたものであって，原料畜肉類又は原料臓器類の原材料及び添加物に占める重量の割合が50%を超えるもの 5　1，2，3又は4をブロック，スライス又はその他の形状に切断して包装したもの
加圧加熱 ソーセージ	ソーセージのうち，120℃で4分間加圧加熱する方法又はこれと同等以上の効力を有する方法により殺菌したもの（無塩漬ソーセージを除く.）をいう.

セミドライソーセージ	ソーセージの項1又は3に規定するもののうち，塩漬(せき)した原料畜肉類を使用し，かつ，原料臓器類（豚の脂肪層を除く．ドライソーセージの項において同じ.）を加えないものであり，湯煮若しくは蒸煮により加熱し又は加熱しないで，乾燥したものであって水分が55%以下のもの（ドライソーセージを除く.）をいう.
ドライソーセージ	ソーセージの項1又は3に規定するもののうち，塩漬(せき)した原料畜肉類を使用し，かつ，原料臓器類を加えないものであり，加熱しないで乾燥したものであって水分が35%以下のものをいう.
無塩漬(せき)ソーセージ	ソーセージのうち，使用する原料畜肉類又は原料臓器類を塩漬(せき)していないものをいう.
ボロニアソーセージ	ソーセージの項1又は3に規定するもののうち，牛腸を使用したもの又は製品の太さが36 mm以上のもの（豚腸を使用したもの及び羊腸を使用したものを除く.）をいう.
フランクフルトソーセージ	ソーセージの項1又は3に規定するもののうち，豚腸を使用したもの又は製品の太さが20 mm以上36 mm未満のもの（牛腸を使用したもの及び羊腸を使用したものを除く.）をいう.
ウインナーソーセージ	ソーセージの項1又は3に規定するもののうち，羊腸を使用したもの又は製品の太さが20 mm未満のもの（牛腸を使用したもの及び豚腸を使用したものを除く.）をいう.
リオナソーセージ	ソーセージの項4に規定するもののうち，原料臓器類（豚の脂肪層を除く.）を加えていないもの.
レバーソーセージ	ソーセージの項1又は3に規定するもののうち，原料臓器類（豚及び牛の脂肪層を除く.）として家畜，家きん又は家兎の肝臓のみを使用したものであって，その原材料及び添加物に占める重量の割合が50%未満のものをいう.

は馬肉，めん羊肉，山羊肉，家きん肉，家兎肉の使用が認められている．

リオナソーセージの基準は，上級と標準に区分され，それぞれの区分ごとに内容物の品位，外面の状態，水分，結着材料，種もの，原材料，添加物について基準が設けられている．種ものの使用は30％以下であり，その種類として豆類，ナッツ類，穀類，海藻類，野菜類などが定められている．その他の品質基準はほぼ前出のボロニア，フランクフルトおよびウィンナーソーセージなどと変わらない．

レバーソーセージは，水分を50％以下とし，他の規格は前出のものとほとんど変らない．

ドライソーセージおよびセミドライソーセージの基準は，上級と標準に区分され，区分のうち水分について，ドライソーセージは35％以下，セミドライソーセージの基準は水分が55％以下と規定している．

その他の区分はボロニア，フランクフルトおよびウィンナーソーセージに準拠している．

加圧加熱ソーセージ，無塩漬ソーセージについてはボロニア，フランクフルトおよびウィンナーソーセージに準拠している．

7.7　特定JAS（熟成製品）

特定JASは「JAS法」に基づいた品質と作り方を保証している

もので，熟成ベーコン類，熟成ハム類及び熟成ソーセージ類がある．

基本的には通常のJAS規格製品の製造工程と同じ，原料肉（豚）を一定期間以上，0～10℃の低温で塩漬し熟成させるところに特色がある．これにより，特有の風味や香気を帯び，長く熟成させることにより通常より塩漬液の量を少なくすることができる．通常のベーコン類と比較して生産に手間がかかることから，贈答品としての需要が多いが，近年ではスーパーなどでも手に入るようになってきた．贈答品としての需要が多いことから，8月や12月に生産数量が増加する傾向にある．格付け実績としては平成25年（2013年）までは年々増加傾向にはあったが，その後は減少したものの平成28年（2016年）は2万5,529トンと前年よりは上回った．

7.7.1 熟成ベーコン類

熟成ベーコン類の一般的な製造方法は，原料肉を0℃以上10℃以下の温度で5日間以上塩漬するか塩漬液を注入する場合は，原料肉重量の10%以下にして熟成させる．JAS規格では，塩漬の温度，期間，塩漬液量を規定した「生産の方法についての基準」，香味，外観，色沢，肉質等について規定した「品位」，国際的な品質規格との整合性を図るために設定された「赤肉中の粗たん白質」，包装後の品質保持を目的とした「容器又は包装の状態」等を定めている．

平成28年（2016年）の格付け実績は677トンであった．

表 7.7 熟成ベーコン類のJASの定義

用　語	定　義
熟成	原料肉を一定期間塩漬(せき)することにより，原料肉中の色素を固定し，特有の風味を十分醸成させることをいう．
熟成ベーコン	次に掲げるものをいう． 1 豚のばら肉（骨付のものを含む．）を整形し，熟成し，及びくん煙したもの 2 1をブロック，スライス又はその他の形状に切断したもの
熟成ロースベーコン	次に掲げるものをいう． 1 豚のロース肉（骨付のものを含む．）を整形し，熟成し，及びくん煙したもの 2 1をブロック，スライス又はその他の形状に切断したもの
熟成ショルダーベーコン	次に掲げるものをいう． 1 豚の肩肉（骨付のものを含む．）を整形し，熟成し，及びくん煙したもの 2 1をブロック，スライス又はその他の形状に切断したもの

7.7.2 熟成ハム類

熟成ハム類の一般的な製造方法は，原料肉を0℃以上10℃以下の温度で7日間以上塩漬するか，塩漬液を注入する場合は，原料肉重量の15%以下にして熟成させる．

JAS規格では，塩漬の温度，期間，塩漬液の量を規定した「生産の方法についての基準」，香味，外観，色沢，肉質等について規定した「品位」，国際的な品質規格との整合性を図るために設定された「赤肉中の粗タンパク質」，包装後の品質保持を目的とした「容器又は包装の状態」等が定められている．

平成28年（2016年）の格付け実績は2,088トンであった．

表 7.8　熟成ハム類の JAS の定義

用　　語	定　　義
熟成	原料肉を一定期間塩漬（せき）することにより，原料肉中の色素を固定し，特有の風味を十分醸成させることをいう．
熟成ボンレスハム	次に掲げるものをいう． 1　豚のももを整形し，熟成し，骨を抜き，ケーシング等で包装した後，くん煙し，及び湯煮し，若しくは蒸煮したもの又はくん煙しないで，湯煮し，若しくは蒸煮したもの 2　豚のもも肉を分割して整形し，熟成し，ケーシング等で包装した後，くん煙し，及び湯煮し，若しくは蒸煮したもの又はくん煙しないで，湯煮し，若しくは蒸煮したもの 3　1又は2をブロック，スライス又はその他の形状に切断したもの
熟成ロースハム	次に掲げるものをいう． 1　豚のロース肉を整形し，熟成し，ケーシング等で包装した後，くん煙し，及び湯煮し，若しくは蒸煮したもの又はくん煙しないで，湯煮し，若しくは蒸煮したもの 2　1をブロック，スライス又はその他の形状に切断したもの
熟成ショルダーハム	次に掲げるものをいう． 1　豚の肩肉を整形し，熟成し，ケーシング等で包装した後，くん煙し，及び湯煮し，若しくは蒸煮したもの又はくん煙しないで，湯煮し，若しくは蒸煮したもの 2　1をブロック，スライス又はその他の形状に切断したもの

7.7.3　熟成ソーセージ類

熟成ベーコン類や熟成ハム類と比較して，熟成ソーセージ類の生産数量は多い．熟成ソーセージ類は原料肉を 0℃以上 10℃以下の温度で 3 日間以上塩漬して熟成させる．

平成 28 年（2016 年）の格付け実績は，通常のソーセージ類の格付数量の約 20％に相当する 2 万 2,763 トンであり，平成 18 年

(2006年) に比べて約15%増加している．また，生産数量のほぼ全量が熟成ウインナーソーセージであるが，熟成ボロニアソー

表7.9　熟成ソーセージ類のJASの定義

用　語	定　義
熟成	原料肉を一定期間塩漬(せき)することにより，原料肉中の色素を固定し，特有の風味を十分醸成させることをいう．
熟成ソーセージ類	次に掲げるものをいう． 1　豚又は牛の肉を熟成し，ひき肉したもの（以下単に「原料畜肉類」という．）に，豚又は牛の脂肪層を塩漬(せき)し又は塩漬(せき)しないで，ひき肉したもの（以下単に「原料脂肪層」という．）を加え又は加えないで，調味料及び香辛料で調味し，結着補強剤，酸化防止剤，保存料等を加え又は加えないで煉り合わせたものをケーシング等に充填した後，くん煙し，及び湯煮し，若しくは蒸煮したもの又はくん煙しないで，湯煮し，若しくは蒸煮したもの（原料畜肉類の重量が豚及び牛の脂肪層の重量を超えるものに限る．） 2　1をブロック，スライス又はその他の形状に切断して包装したもの
熟成ボロニアソーセージ	熟成ソーセージ類のうち，牛腸を使用したもの又は製品の太さが36 mm以上のもの（豚腸を使用したもの及び羊腸を使用したものを除く．）をいう．
熟成フランクフルトソーセージ	熟成ソーセージ類のうち，豚腸を使用したもの又は製品の太さが20 mm以上36 mm未満のもの（牛腸を使用したもの及び羊腸を使用したものを除く．）をいう．
熟成ウインナーソーセージ	熟成ソーセージ類のうち，羊腸を使用したもの又は製品の太さが20 mm未満のもの（牛腸を使用したもの及び豚腸を使用したものを除く．）をいう．
ケーシング	次に掲げるものを使用した皮又は包装をいう． 1　牛腸，豚腸，羊腸，胃又は食堂 2　コラーゲンフィルム又はセルローズフィルム 3　気密性，耐熱性，耐水性，耐油性等の性質を有する合成フィルム

セージおよび熟成フランクフルトソーセージもわずかながら格付け実績はある.

7.8　缶　　詰

畜肉缶詰としては, 牛肉を原料としたコーンビーフが代表的なものであり, その他, 牛肉味付け缶詰やウインナーソーセージの缶詰などが一般的である.

1)　コーンビーフ

原料肉は乳用牛の廃牛など, 肉質が中等以下のものを使う.

原料肉を5cm角位に切り, 乾塩漬法で塩漬を行う. 塩漬剤は原料肉に対して食塩3～3.5%, 硝石0.08～0.1%を肉塊に均一に振りかけよくすり込み, 2～4℃位の冷暗所に4～5日間放置する.

塩漬が終わった肉は加圧して115～121℃で40～60分蒸煮してから, 肉塊をできるだけばらばらにほぐす. ほぐした原料肉には調味料, 香辛料, 食塩2.5～3%を加えた牛脂を15～20%加えてよく混合する. 混合は肉の温度が低下しないうちに行うことが大切である.

混合した肉は温かいうちに, すき間のないように缶に肉詰めをする.

以下脱気, 巻締め, 殺菌, 冷却の工程を経て製品とする.

2)　ウインナーソーセージ

缶詰はスキンレスタイプのものが多い. スモークソーセージと

同様の工程で，ボイルをした製品を缶の高さに応じて切断し，所定量を肉詰めし，調整した液汁を注加して脱気，殺菌をする．液汁は食塩2.0%，グルタミン酸ナトリウム0.15%，粉末寒天0.2%をよく加熱溶解し，ろ過して使用する．

3）　味付け煮

缶詰に不適当な腱，膜，太い血管などを除いた原料肉を6×15 cm位の大きさに切り，これを30～40分間位煮る．ボイルした肉は水中で急冷した後，0.3～0.5 cm位に肉線維に直角になるよう薄切りにする．

薄切りした肉は，あらかじめ調整した調味液を沸騰させ，この中に浸漬して味付けをする．

調味液はしょう油，砂糖，でん粉，寒天，しょうがなどで適宜嗜好に合せて調整する．

缶に肉詰めする際，6号缶（内径74.1 mm，高さ59.0 mm）では肉量95～100 g，調味液100～105 gを目安とし，調味液は60～70℃で注入する．

以下，所定どおり脱気，巻締め，殺菌，冷却によって製品とする．

7.9　ハンバーグ・ミートボール

日本では，戦後まもなく佐世保等の米軍基地周辺の飲食店でハンバーガーが作られ，地元の人たちに評判となったと言われている．昭和45年（1970年）に東京の原町田にハンバーガーショップが登場し，翌年，東京の銀座に外資系のハンバーガーショップが上陸すると爆発的にハンバーガーの人気は伸び，昭和48年（1973年）にはテリヤキバーガーなど日本独自にアレンジした製品も多く開発されるようになった．チルドハンバーグステーキやチルドミートボールは，ソース調整などをして加熱調理加工してあるため，利用の簡便さが受けて，広く普及している．

1）JAS

ハンバーグにかかわる用語として，ハンバーグステーキ，ハンバーガーパティ，ハンバーガーなどが知られているが，ハンバーグは日本的なひき肉調理品ハンバーグステーキのことであり，ハンバーガーはトーストしたパンにハンバーグ様のパティをはさんだものといえる．

これらのうち，JASで規定されているのは，ハンバーガーパティ，チルドハンバーグステーキ，チルドミートボールである．

a）ハンバーガーパティ

ハンバーガーパティはJASにおいて表7.10のように定義されている．その品質は，上級と標準に分けられ，品位は加熱調理したものの色沢，香味および性状が優良または良好であるものとし，品温は－18℃以下で保存されていることとなっている．

原材料としては，上級では牛肉，調味料，香辛料のみで，標準ではその他に豚肉，家きん肉，肉様の組織を有する植物性タンパク，粒状植物性タンパク，繊維状植物性タンパク，野菜等，つなぎが使用できる．

表 7.10 ハンバーガーパティのJASの定義

用　語	定　義
ハンバーガーパティ	牛肉，豚肉若しくは家きん肉（以下「食肉」と総称する.）を粗びきしたもの又はこれに牛若しくは豚の脂肪層（その使用量が食肉の使用量を超えないものに限る.）若しくは肉様の組織を有する植物性たん白を加えたものに，調味料，香辛料，野菜，つなぎ等を加え又は加えないで煉り合せた後，円盤状等の形状に成形して急速凍結したものであって，ハンバーガーの材料として加熱調理して使用されるものをいう（植物性たん白の原材料及び添加物に占める重量の割合が，20%以下であり，かつ，つなぎの原材料及び添加物に占める重量の割合が10%以下であるものに限る.）.
つなぎ	パン粉，小麦粉，でん粉，粉末状植物性たん白，脱脂粉乳等で食肉を粗びきしたもの等に加えるものをいう.

食品添加物は上級では使用できないが，標準ではいわゆるCODEX規定に適合し，使用量が正確に記録されかつ保管されることとなっている．上級の牛肉の割合は95%以上であり，標準では畜肉が75%以上としている．

標準における肉様の組織を有する植物性タンパクは20%以下，つなぎは5%以下としている．

粗脂肪は上級，標準とも28%以下で，厚さは5 mm以上となっている．

b) チルドハンバーグステーキ

チルドハンバーグステーキとは，定義として表7.11に示す通りである．

品質は，上級と標準に分けられ，品位は色沢，香味および性状が優良または良好であることとしている．

表 7.11 チルドハンバーグステーキの JAS の定義

用　語	定　義
チルドハンバーグステーキ	次に掲げるいずれかのものを包装したものであって，チルド温度帯において冷蔵してあるものをいう． 1 食肉（牛肉，豚肉，馬肉，めん羊肉又は家きん肉をいう．以下同じ．）をひき肉したもの又はこれに牛，豚，馬，めん羊若しくは家きんの臓器及び可食部分をひき肉し若しくは細切りしたもの（その使用量が食肉の使用量を超えないものに限る．）若しくは肉様の組織を有する植物性たん白を加えたものに，玉ねぎその他の野菜をみじん切りしたもの，つなぎ，調味料，香辛料等を加え又は加えないで煉り合せた後，だ円形状等に成形し，食用油脂で揚げ，ばい焼し若しくは蒸煮したもの（食肉の原材料及び添加物に占める重量の割合が 20% 以下であるものに限る．） 2 1にソース（動植物の抽出濃縮物，トマトペースト，果実ピューレ，食塩，砂糖類（砂糖，糖蜜及び糖類をいう．以下同じ．），香辛料等で調製した調味液（野菜等の固形分を含むものを含む．）をいう．以下同じ．）又は具を加えたもの
つなぎ	パン粉，小麦粉，粉末状植物性たん白等で，食肉をひき肉したもの等に加えるものをいう．

原材料は，上級では牛肉，豚肉及び鶏肉，標準では牛肉，豚肉，馬肉，めん羊肉及び家きん肉としており，ベーコン，ハムなどの食肉製品とある．

臓器及び可食部分については上級では牛及び豚の脂肪層のみであるが，標準は牛，豚に加え馬，めん羊及び家きんの皮，舌，横隔膜及び脂肪層の使用が認められている．

標準では，肉様の組織を有する植物性タンパクの使用が認められている．

つなぎ，野菜，食用油脂，調味料，糊料，香辛料，着色料の使用は上級，標準とも基準は同じに定められている．

食品添加物は，上級，標準ともいわゆるCODEX規定に適合し，使用量が正確に記録されかつ保管されることとなっている．畜肉の量は，上級では基本は80％以上で，そのうち牛肉は30％以上とあり，標準では畜肉は50％以上としている．

粗脂肪の量は28％以下，厚さは5 mm以上となっている．

c)　チルドミートボール

チルドミートボールとは，定義として表7.12に示すとおりである．

品質は上級と標準に分け，品位は，色沢，香味，性状が優良または良好なものとしている．原材料は，食肉，食肉製品の使用は上級，標準とも同じであるが，標準では臓器及び可食部分については牛，豚の脂肪以外に馬，めん羊，家きんの皮，舌，横隔膜の使用も認めている．肉様植物性タンパクの使用も認められている．つなぎ，野菜，食用油脂，調味料，糊料，香辛料ついては上級標準とも使用が認められている．

製品に対する食肉の重量割合については，上級が70％以上で肉様の組織を有する植物性タンパクは含まないこと，標準が食肉50％以上あり，肉様の組織を有する植物性タンパクは20％以下であることとなっている．粗脂肪は上級，標準とも25％以下と定めている．

JASの各種製品間の品質規格はもちろんのこと，用語の定義や基準にも相違点が見られるが，ハンバーグの本質的な定義としては，チルドハンバーグステーキのそれが最も妥当なものと

表 7.12　チルドミートボールの JAS の定義

用　　語	定　　義
チルド ミートボール	次に掲げるいずれかのものを包装したものであって，チルド温度帯において冷蔵してあるものをいう． 1　食肉（牛肉，豚肉，馬肉，めん羊肉又は家きん肉をいう．以下同じ.）をひき肉したもの又はこれに牛，豚，馬，めん羊若しくは家きんの臓器及び可食部分をひき肉し若しくは細切したもの（その使用量が食肉の使用量を超えないものに限る.）若しくは肉様の組織を有する植物性たん白を加えたものに，玉ねぎその他の野菜をみじん切りしたもの，つなぎ，調味料，香辛料等を加え又は加えないで煉り合わせた後，球状等に成形し，食用油脂で揚げ，ばい焼し又は蒸煮したもの（食肉の原材料及び添加物に占める重量の割合が 50％を超え，かつ植物性たん白の原材料及び添加物に占める重量の割合が 20％以下であるものに限る.） 2　1にソース（動植物の抽出濃縮物，トマトペースト，果実ピューレー，食塩，砂糖類（砂糖，糖蜜及び糖類をいう．以下同じ.），香辛料等で調製した調味液（野菜等の固形分を含むものを含む.）をいう．以下同じ.）を加えたもの
臓器及び可食部分	肝臓，腎臓，心臓，肺臓，ひ臓，胃，腸，食道，脳，耳，鼻，皮，舌，尾，横隔膜，血液及び脂肪層をいう．
つなぎ	パン粉，小麦粉，粉末状植物性たん白等で，食肉をひき肉したもの等に加えるものをいう．

考えられている．

2）製　　法

冷凍，チルド，レトルトなどの各種ハンバーグ製品の製造工程の概要は図 7.1 に示すとおりである．

a）原料肉

①牛肉：ハンバーグの品質を高めるためには，できるだけ牛肉を使用したいが，価格面から使用は容易でなく，価格の

安い老廃牛肉が使われる場合がある．輸入品が使われる場合も老廃牛肉や内臓肉などが多い．

②豚肉：豚肉は牛肉との混合使用によって肉質と風味の改良に効果的な役割を果たす点から多く使用されているが，高級ハンバーグは牛肉のみを使用しており，一般には中級以下のものにしか使わない．

豚肉では，ガリ（やせて肉付きの悪いもの），大貫（月齢が進ん

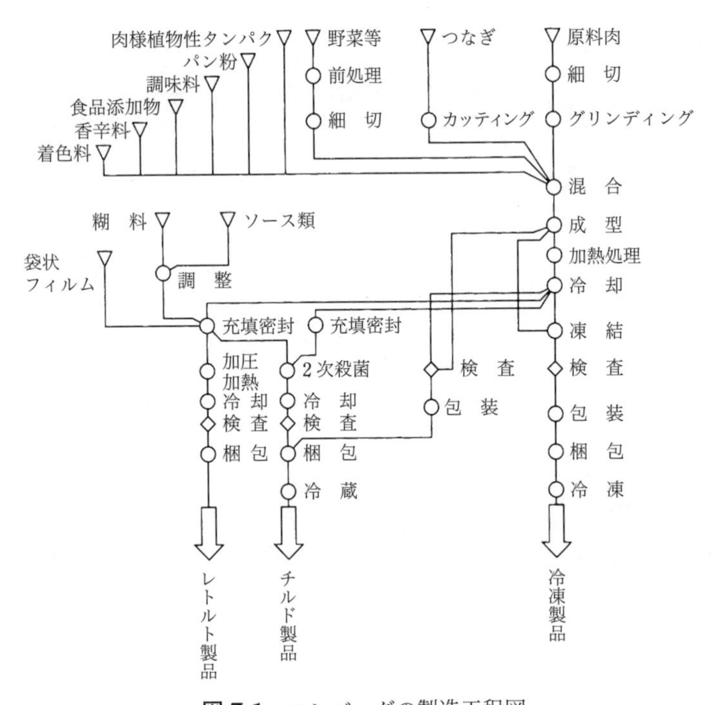

図 7.1　ハンバーグの製造工程図
（日本ハンバーグ・ハンバーガー協会「ハンバーグ製造講座」）

で格付外の重量のもの）などがよく使われる.

その他，豚頭肉，ハラミ（横隔膜），ディボーンドポークミート（骨肉分離機により骨から分離した小肉），生豚皮，豚皮ゼラチンなどが使用される.

③めん羊：大部分はニュージーランドやオーストラリアからの輸入で，肉質は細かで粘稠性があって，つなぎ肉として価値が高いが，脂肪に特異臭があるなど使用上難点がある．近年は高級化志向から使用量は減少している.

④鶏肉：高級品のチキンハンバーグには鶏正肉が使われるが，中級品以下のものにはすり身（CCM）などが多く使われる．現在，全体の製品原料肉の使用頻度の高いのは，牛肉，鶏肉，豚肉，めん羊肉，馬肉となっており，山羊肉，家兎肉は使用されていない.

b）副原料

①植物性タンパク：大豆系と小麦系の二つに分けられ，用途によって粉末状，粒状，繊維状，ペースト状の 4 種類がある.

②つなぎ：2 種類以上の材料を混ぜ合せて使う時，接着材料として使うものを称し，でん粉，小麦粉，卵白などが一般に使われる.

③脂肪：家畜，家きんの皮下脂肪組織や内臓脂肪組織などから採取された脂肪で，牛脂，豚脂，羊脂，鶏脂などが使われるが，風味，物性，安定性，価格などの点から豚脂の使用が多い．その他に調味料，香辛料なども使用される.

c) 原材料の細切および混合

各種の原材料を均一に混合したり練り合せやすくするために切断する細切作業と，細切された原料肉やつなぎ，副原料を混合する混和作業がある．

細切作業には肉ひき機が使われていたが，肉エキス分離の欠陥を防止するため，最近はカットによるコミトロールが使われている．従来の細切は肉をひいていたが，コミトロールは原料肉を鋭利なナイフでカットするところに特徴がある．

つなぎ材の調整のためカッターによって練り作業を行う．混合はひき肉，つなぎ，調味料などを均一にするためミキサーを使って行われる．

製品特有の肉締まり状組織を形成するため，練りすぎないよう注意が必要で，このことが加熱処理後，製品に弾力性のあるうま味を出す不可欠条件とされている．

d) 成型

材料が均質に混合された生地肉は，楕円形などの製品独自の形状に成型機によって分割される．

e) 加熱殺菌

ハンバーグ類の加熱殺菌は，製品中に存在する微生物を死滅減少させて製品に保存性を持たせることと，食中毒の排除にあるので，原材料の取扱いには十分配慮して行うことが大切である．

加熱方法には蒸煮，焙煎，マイクロ波加熱，油揚げなどがあるが，最近は連続自動加熱装置が広く使われている．一般的には，揚げ油温度の異なる2ステージフライヤーと，その後工程に両面焙焼機を連動させたラインが採用されている．

f) 冷却・凍結・包装

加熱殺菌処理をした製品が，引続き包装工程に進む場合には，殺菌直後10℃以下に急冷するか，－18℃以下に冷凍する．

冷却は，氷水などを用いて加熱直後の製品を直接冷却する方法が多くとられている．凍結は，空気凍結，接触凍結，浸漬凍結などの方法がとられている．

包装は真空式のパウチ充填包装機や深絞り包装機などが用い

表7.13 協会自主規格におけるハンバーガーパティの定義

用　語	定　義
ハンバーガー用ミートパティ	牛肉，豚肉若しくは家きん肉（以下「食肉」と総称する．）をひき肉したもの又はこれに肉様の組織を有する植物性たん白を加えたものに，調味料，香辛料，野菜，つなぎ，衣等を加え又は加えないで煉り合わせた後，円盤状等の形状に成形して急速凍結したものであって，ハンバーガーの材料として加熱調理して使用されるものをいう（植物性たん白の原材料に占める重量の割合が，20％以下であり，かつ，つなぎの原材料に占める重量の割合が5％以下であるものに限る）
ハンバーガー用ミートポーション	食肉をひき肉にせずフィーレ又は切身等の形状に成形し，調味料，香辛料，衣等を加え又は加えないで急速凍結したものであって，ハンバーガーの材料として加熱調理して使用されるものをいう
ハンバーガー用フィッシュポーション	魚介類の頭，骨，殻，内蔵等の不可食部分を除去し，フィーレ（三枚に卸した肉部分をいう）又はすり身にしたものを直方体等の形状に成形して，圧縮急速冷凍した後，さらにこれを直方体等の形状に切断し成形して，衣を付け又は付けないで急速凍結したものであって，ハンバーガーの材料として食用油脂で揚げて使用されるものをいう

平成20年5月

られている.

このような流れに沿って，市販のハンバーグは流通形態により，チルド（冷蔵温度で流通），冷凍（冷凍温度で流通），レトルト（常温で流通）の3種類に分かれ，需要に応えているが，より確かな品質をめざして，日本ハンバーグ・ハンバーガー協会が昭和48年（1973年）に設立された．昭和49年（1974年）には独自の規格を制定し，表7.13に示すようなハンバーガーパティの定義を決め平成20年（2008年）に改訂されている.

今後とも拡大すると思われる需要に対応していくには，より一層の品質管理が求められ，さらには和風の味覚，低カロリー食品の開発などが検討されるべきものと思われる.

参考文献

1) 食肉加工シリーズ，肉製品，光琳（1963）
2) 食の科学，No.42，特別企画「食肉加工品」，丸ノ内出版（1978）
3) ベーコン類，農林物資規格集，（社）日本農林規格協会（1988）
4) 日本ハムソーセージ工業協同組合，食肉加工品データ（2016）
5) 食肉加工品の知識，公益社団法人日本食肉協議会（2013）
6) 食肉処理技法，公益社団法人全国食肉学校（2012）
7) 食品添加物に関するコーデックス一般規格（前文及び付属文書A）CODEX STAN 192-1995, Rev, 7-2006
8) ベーコン類の日本農林規格　最終改正平成27年5月28日農林水産省告示第1387号
9) ハム類の日本農林規格　最終改正平成27年5月28日農林水産省告示第1387号
10) プレスハムの日本農林規格　最終改正平成27年5月28日農林水産省告示第1387号
11) ソーセージの日本農林規格　最終改正平成28年2月24日農林水産省告示第489号
12) ハンバーガーパティの日本農林規格　最終改正平成27年8月21日農林水産

省告示第 2008 号
13) チルドハンバーグステーキの日本農林規格　最終改正平成 28 年 2 月 24 日農林水産省告示第 489 号
14) チルドミートボールの日本農林規格　最終改正平成 28 年 2 月 24 日農林水産省告示第 489 号
15) 熟成ベーコン類の日本農林規格　最終改正平成 28 年 2 月 24 日農林水産省告示第 489 号
16) 熟成ハム類の日本農林規格　最終改正平成 28 年 2 月 24 日農林水産省告示第 489 号
17) 熟成ソーセージ類の日本農林規格　最終改正平成 28 年 2 月 24 日農林水産省告示第 489 号
18) ベーコン類、ハム類、プレスハム及びソーセージについての検査方法　最終改正平成 26 年 8 月 14 日農林水産省告示第 1103 号
19) ハンバーグ・ハンバーガー等の自主規格・検査規程 社団法人日本ハンバーグ・ハンバーガー協会　平成 20 年 5 月

8. 食鳥の生産と利用

8.1 鶏

8.1.1 食鳥としての鶏

鶏飼育の歴史は古く，わが国では大和・奈良時代（西暦300～700年）に飼われていた記録が残っている．

鶏は食用や愛玩・闘鶏など，それぞれの目的に合せて改良され，採卵鶏，肉用鶏，尾長鶏や長鳴鶏などとして，長い間，人間に利用されてきたが，これは鶏の環境への適応能力が優れていること，飼料の利用効率が極めて良いこと，遺伝的な変異の幅が非常に広いこと，繁殖力が大変旺盛であるなどが理由といわれている．

古来から飼われていた鶏は羽色が赤褐色で，これを秋の柏の葉の色にたとえて，鶏肉のことを「かしわ」と称した．また，名古屋地方で多く飼われていた赤褐色の羽色の卵肉兼用種は，名古屋コーチンとよばれ有名である．これは明治維新で食禄を失った武士の殖産振興のために，県が採卵養鶏として在来の地鶏と外来種を交配して作出したものが原型とされ，関西地方で多く飼われている中国原産のコーチンと呼称を合わせたといわれている．

闘鶏や鍋で有名なシャモ（軍鶏）は，江戸時代中期にタイより闘争性の強い大型鶏が入り，タイの当時の呼称シャムをもじってその名称をつけ，闘鶏から「軍鶏」の字をあてたといわれている．

このように鶏は，われわれの生活と非常に密接なかかわりを持っていたことがよくわかる．

8.1.2　肉用鶏の生産と需給

わが国で，肉食が一般的になってきた大正末期から昭和初期にかけては，牛鍋に象徴されるように牛肉が大衆肉であり，鶏肉はむしろ「かしわ」と称して高級な食肉とされていた．アメリカで第2次大戦中，食肉不足を手早く，大量に補うために食鶏の生産が急速に広がった．その後も安価で低カロリーの動物タンパク質の需要の高まりから，鶏の品種改良が進み，今日の肉生産専用種のブロイラーが誕生した．平成27年（2015年）の農林水産省畜産統計調査では，ブロイラー（肉用若鶏）は6億6,685万9,000羽が処理されその処理量は197万3,461トンであった．タイ，中国で発生した鳥インフルエンザの影響で一時消費が減退し，リーマン・ショックや平成23年（2011年）3月の東北地方の養鶏産地を襲った東日本大震災などの影響もあり，一時的に生産量は減少したが，テーブルミートとして国産志向は根強く，平成27年の鶏肉生産量は153万トンに上った（9章表9.5参照）．

一方，鶏肉の輸入は平成27年にアメリカから2万2,755トン，タイから9万6,221トン，ブラジル42万5,930トンとなっている

(9章表9.6参照). タイ, 中国, アメリカ, ブラジルの4ヵ国が比較的バランスよく輸入されている時期がしばらく続いたが, 平成16年 (2004年) に鳥インフルエンザの発生によりタイ, 中国からの鶏肉が輸入停止され, ブラジル産への輸入比率が急激に高まった. 平成27年度 (2015年度) のブラジルからの輸入量は輸入量全体の77.3%を占めている (9章表9.6参照).

食用に供される鳥類のうち家きんとよばれるものには, 鶏, 七面鳥, あひる, がちょう, ホロホロ鳥, うずら, 鳩などがあるが, わが国では一部の需要を除いて鶏のような大規模飼育はされていない.

また近年, 生産規模が小さく飼育地域も限られ流通規模は小さいが, 地鶏 (じどり) や銘柄鶏などの人気は高くなっている. 地鶏では秋田県の比内鶏, 愛知県の名古屋種, 鹿児島県の薩摩鶏などが有名である.

表8.1 食鳥の処理羽数及び処理重量

平成	肉用若鶏		廃鶏		その他の肉用鶏	
	処理羽数(千)	処理重量(トン)	処理羽数(千)	処理重量(トン)	処理羽数(千)	処理重量(トン)
23	609,664	1,761,025	78,603	135,347	6,132	19,433
24	645,064	1,875,212	80,841	141,869	6,255	20,268
25	651,303	1,896,920	77,112	130,461	6,398	20,482
26	658,483	1,938,606	79,141	139,990	6,196	20,088
27	666,859	1,973,461	78,112	138,809	6,090	19,704

農林水産省統計部「畜産物流通調査　食鳥流通統計調査」

注：年間の食鳥処理羽数30万羽以上の処理場のみを調査対象として調査を実施した結果である

8.1.3 肉用鶏の生産形態

1) ブロイラーとは

一般にブロイラーは，肉生産専用種の鶏のことを指しており，元来はアメリカの食鶏用語であり，フライヤーは 14 〜 20 週齢，1.1 〜 1.6 kg の中型サイズで，ブロイラー（broiler）は 8 〜 12 週齢，1.1 kg 以下の小型サイズと分類し，焙焼（broil）用に使われたことに由来している．わが国では肉用若鶏（ふ化後 3 ヵ月未満）をブロイラーと呼び，2.3 kg 以上にして出荷することが多い．

ブロイラーの品種にはチャンキー，コッブなどの外国鶏種と（独法）家畜改良センターで育種された「はりま」「たつの」などの国産鶏があるが，わが国のブロイラー飼養羽数のうち，98 〜 99％が外国鶏種である．

銘柄鶏は，一般的にブロイラーとは異なる飼育方法で生産され，統計調査では「肉用若鶏」に区分されるものと，「地鶏」と同様に「その他肉用鶏」に区分されるものとが混在しているものと考えられる．

写真 8.1 ブロイラー（雌）
（丸紅畜産（株）提供）

農林水産省「食鳥流通統計調査」では，食鶏を①肉用若鶏（ふ化後 3 ヵ月齢未満：通常，ブロイラーはこれに該当），②廃鶏（採卵鶏または種鶏を廃用した鶏），③その他肉用鶏（ふ化後3ヵ月齢以上）に区分しており，地鶏は「その他肉用鶏」に区分される．

2）ブロイラー生産とインテグレーション

昭和30年代前半まで，養鶏は採卵が中心であったが，高度成長期を迎え，国民の所得水準も上がり，生活様式にも洋風化が浸透するなど，食形態も動物性タンパク質の摂取が高まり，これに伴って鶏肉の需要も増大してきた．

肉用鶏としての生産は，都市近郊の一部で鑑別をした雄鶏（抜き雄）を育成して，若鶏肉として利用することが，昭和30年(1955年）頃から始まっていたが，本格化したのはブロイラーが昭和35年（1960年）に輸入自由品目になってからといわれている．

その後，ブロイラー専用種が増加し，生産規模が拡大すると雛や飼料の購入をきっかけに売買契約が発生し，インテグレーションの下地が出来上がってきた．ブロイラーの「大規模生産→処理場→荷受会社」のルートは，1本の大きなパイプで結ばれており，そのパイプを流れるブロイラーは，インテグレーターである荷受会社のもとで計画的に流通している．素びな（品種鶏の雛）の生産，飼料の供給に始まって，ブロイラーの飼育，処理，加工から販売に至るまで，何らかの形で育種会社，総合商社や飼料メーカーにコントロールされ，飼料の販路拡大とともに大規模化していった．

現在では，ブロイラー生産は素びなや飼料の供給を始め，生産・処理加工・卸・販売までの部門を統合した大規模生産・流通システムが構築されておりビジネスモデルとして確立している．

3)　地鶏・銘柄鶏の生産

ブロイラーの開発は飼料要求率の低減や孵化率や育成率などの改善に，著しい効果をあげたが，淡白な肉味などに不満が出て，いわゆる差別化された地鶏が求められるようになり，各地で肉用種との交配による品種改良が試みられ，銘柄鶏として商品化されるようになった．

「ブロイラー」は孵化後3ヵ月未満のものを指し，飼料効率が高く短期間に育成可能で大量生産を目的としているのに対し，「地鶏」は日本農林規格（JAS）で，以下の4つの条件を基準にしている．

a)　在来種由来血液百分率が50％以上のものであって，出生の証明ができるものを素びなとする．

b)　ふ化日から75日間以上飼育していること（平成27年6月見直し）．

c)　ふ化後28日目以降は鶏が鶏舎や屋外を自由に運動できる「平飼い」といわれる環境で飼育されている．

d)　ふ化後28日以降の飼育密度は1 m^2 当たり10羽以下の環境で飼育することと，これらの条件をすべて満たしたものを「地鶏」として認定している．平成25年に34都道府県で地鶏の生産を推奨している．

また「銘柄鶏」は，日本国内で飼育し，地鶏に比べ増体に優れた肉用種で，通常の飼育方法（飼料内容，出荷日齢等）と異なり肉質や風味がよくなるように，飼育方法に工夫を加えたものと（一般社団法人）日本食鳥協会が定義している．

平成24年（2012年）には，地鶏などを含む3ヵ月以上飼育さ

表 8.2　地鶏 JAS で指定する地鶏一覧

会津地鶏（あいづじどり）	尾長鶏（おながどり）	佐渡髭地鶏（さどひげじどり）	対馬地鶏（つしまじどり）
伊勢地鶏（いせじどり）	河内奴鶏（かわちやっこ）	地頭鶏（じとっこ）	名古屋種（なごやしゅ）
岩手地鶏（いわてじどり）	雁鶏（がんとり）	芝鶏（しばっこ）	比内鶏（ひないとり）
インギー鶏（いんぎーとり）	岐阜地鶏（ぎふじどり）	軍鶏（しゃも）	三河種（みかわしゅ）
烏骨鶏（うこっけい）	熊本種（くまもとしゅ）	小国鶏（しょうこくとり）	蓑曳鶏（みのひきとり）
鶉矮鶏（うずらちゃぼ）	久連子鶏（くれことり）	矮鶏（ちゃぼ）	蓑曳矮鶏（みのひきちゃぼ）
ウタイチャーン	黒柏鶏（くろかしわとり）	東天紅（とうてんこう）	宮地鶏（みやじどり）
エーコク	コーチン	蜀鶏（とうまる）	ロードアイランドレッド
横斑プリマスロック（おうはん）	声良鶏（こえよしとり）	土佐九斤（とさくっきん）	
沖縄髯地鶏（おきなわひげじどり）	薩摩鶏（さつまとり）	土佐地鶏（とさじとり）	

地鶏 JAS から編集
最終改正 平成 27 年 8 月 21 日農林水産省告示第 2009 号

れる「その他の肉用鶏」は，肉用鶏全体の出荷羽数の 1％ほどであるものの，一般のブロイラーとの価格差は大きいが，堅実で一定の需要を満たしている．地鶏の出荷羽数が多い県は，「名古屋種」の愛知県，「比内鶏」の秋田県などである．

4） 東京しゃもの生産

東京しゃもの造成は，シャモの中から群飼が可能になるように闘争性の弱い個体を育種選抜し，このシャモの雄と産肉能力の高いロードアイランドレッド種の雌を交配させ，得られた種卵を東京都畜産試験場（現（公財）東京都農林水産振興財団　青梅畜産センター）で一括ふ化させ，この一代交雑種の雌を素雛とし，同時に純系のシャモの雄を一緒に限定された生産者に貸与し，戻し交配を行いコマーシャル鶏を得ている．これを「東京しゃも」のブランドで，東京しゃも生産者組合を通して流通されている．東京しゃもは生産者組合が指定する東京しゃも専用の飼料を用いて120日間以上飼育している．価格はブロイラーの約3倍で，生産数量が限られているため，現在の流通範囲は，デパートの精肉店やしゃも鍋などの料理店が対象となっている．

8.2　食鶏の流通

本章冒頭（8.1.2）でも記述したが，平成27年度（2015年）の鶏肉の国内生産量は，10年間で18%以上も増加し，輸入量も10

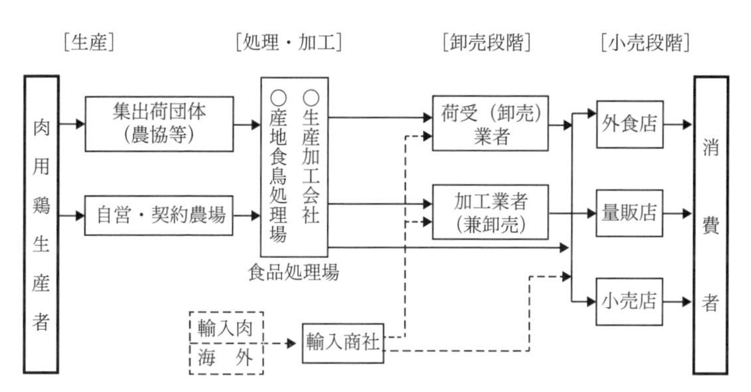

図8.1　鶏肉の主な流通経路
畜産便覧H19年版
（社）中央畜産会（現（公社）中央畜産会）

年間で約27%増加している（9章表9.5参照）．これらの鶏肉の流通経路は，図8.1に示すとおりである．

8.3 食鶏の処理

8.3.1 検査制度の制定

食鳥処理事業や食鳥の検査については，平成2年（1990年）6月29日付で「食鳥処理の事業の規則及び食鳥検査に関する法律」が，さらに施行令が平成3年（1991年）3月25日付で公布された．

この法律は食鳥の処理について衛生上の見地から必要な規制を行うことを目的とし，ハード面では事業の許可を，ソフト面では衛生管理基準を定めて，食鳥肉などに起因する衛生上の危害発生を防止するとしている．

鶏，あひる，七面鳥の3種類の食鳥が対象になり，生体検査，脱羽後検査，内臓摘出後検査を受けることになっているが，食鳥検査の実施は平成4年度からになっている．

8.3.2 処 理 場

平成27年度（2015年）の厚生労働省の「と畜・食鳥検査等に関する実態調査」によれば年間30万羽以上処理できる大規模食鳥処理場は147施設，それ以下の認定小規模食鳥処理場は1,897施設ある．ブロイラーの飼育・出荷は，同時に入雛（にゅうすう：雛の飼育開始）を行い，同一飼育の後，一括して出荷をするオールインオールアウト方式を行っている．したがってブロイラーの処理場としても，オールアウトしたときに一括処理可能な能力が，処理場の規模として求められる．ブロイラーは生体輸送中の減量の大きいことなどの理由から生体をと畜し，羽を抜き，内臓を除去して，部分肉にカットする処理場は，ブロイラーの飼育場から，少なくともトラックで2～3時間内の位置にあることが要求される．

成鶏は脱羽の処理温度や労力的にブロイラーと処理能力が異なるため，原則として処理場は別になっている．成鶏を対象にした処理場もブロイラーと同様に短時間に出荷でき，大羽数に対応できるだけの規模が必要とされている．

大規模処理場は，処理施設がすべて機械化され，解体品の製造まで含めて能率的に行われているが，欧米ではぶつ切りや丸のままで利用されているのに対して，わが国で昔からの食習慣で，正肉利用が主流のため，正肉への骨抜きなど一部は手作業が行われている．

8.3.3　処理工程

食鶏の一般的な処理工程は図8.2の通りである．

出荷する鶏は集鳥に際して，暗い夜明け前や，照明を暗くした舎内で捕鳥し，鶏を興奮させないようにカゴ詰めして輸送される．輸送中を含めて，できるだけ静かにしておくことが，血液の放出をよくして肉の品質を高めることになる．

処理場に搬入された鶏は，トラックごと秤量され，鶏を処理工程に送った後，空カゴを積んだ状態で再び秤量して生体の重量を出している．カゴから出された鶏は，コンベアーに取付けられた吊具に脚（あし）から吊下げられ，手作業または自動で頚動脈が切られ，ここから血液を流し出して（放血）と畜を行っている．

放血された鶏は，吊下げられたまま約3分で放血を終え，湯漬け工程へと移っていく．湯漬けは，羽毛を抜く作業（脱羽）を容易にするための前処理で，低温湯（51～55℃）に30～70秒，または中温湯（59～60℃）に30～75秒漬けて行われ，熱い湯に長く漬けるのは湯やけの原因になるので避ける．わが国では黄色の表皮は嫌われるので，ほとんどが中温湯で処理されている．羽毛の抜きにくい水きん（水鳥）や，成鶏は71～82℃の高温湯に30～60秒位浸漬して脱羽を行っている．水きんではよりきれいに脱羽するためワックスを塗布する場合もある．

湯漬けが行われた鶏は，熱いうちに脱羽機にかける．脱羽機は，ゴム製のムチのようなもので鶏体をたたいたり，もんだりして脱羽する機械で，処理羽数に合せていろいろな型式のものが使われている．

頭や脚は脱羽後，ラインの流れの中で順次切断されていく．中ぬき作業は，最初に肛門を表皮から切りはずし，次いで手作業ま

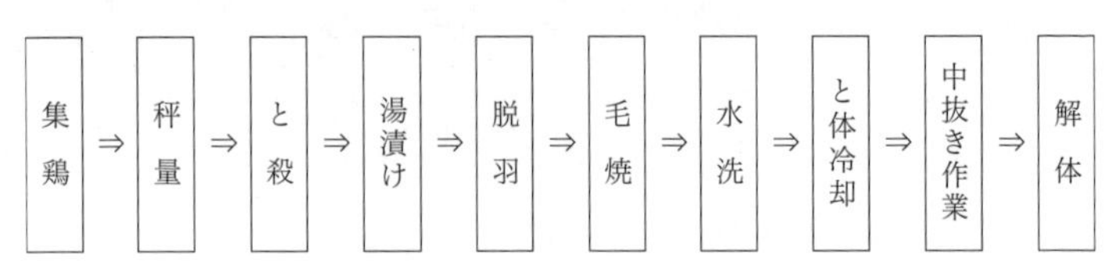

図8.2　食鳥の処理加工工程

たは機械で内臓を抜き取る．中ぬき作業は腸管内などの汚物で，鶏体を汚すおそれがあるので，水洗など洗浄には特に配慮が必要とされている．

写真 8.2　食鶏脱毛羽機
((株) 花木製作所提供)

中ぬき作業後のと体温はまだ35℃位であるので，鮮度を保つため，金具から鶏体をはずして冷水槽に入れ，約1時間位で水槽中を通過させて，と体温を10℃位に下げる．この時，鶏体が水を吸って2～10％も増量したり，水槽中での細菌汚染などに問題があるため，最近は冷気で冷却する方法がとられるようになった．

中ぬき作業後は，「もも」「むね」「ささみ」等に解体され，包装後，流通経路を経て末端消費へ流れていく．

8.4　食鶏の規格

8.4.1　食鶏取引規格

1)　食鶏取引規格の規定

昭和36年（1961年）に，食鶏取引の改善合理化，流通の円滑化および適正な価格形成を図るため，食鶏取引規格が設定された．

設定当時は，生体中心の規格であったが，昭和42年（1967年）にと体中心の規格に改められ，同時に，「ひな」（現在の「若鶏（若どり）」）の月齢が4ヵ月齢未満から3ヵ月齢未満に，また，親鶏（親どり）の月齢が6ヵ月齢以上から5ヵ月齢以上に変更された．

昭和48年（1973年）には，あらたに「食鶏小売規格」が設定され，小売規格との関連から，解体品の規格が全面的に改められ，また，従来「ひな」とよばれていた食鶏を「若鶏（若どり）」と，さらに3ヵ月齢以上，5ヵ月齢未満の食鶏を「肥育鶏」とよぶことになった．

昭和52年（1977年）には，24項目に分かれて改定が行われ，平成23年（2011年）に現在の食鶏取引規格が制定された．

2) 目的と適用の範囲

現行の取引規格の目的は，流通段階における食鶏の種類，名称，重量区分および品質標準を定めることで，流通段階における輸入食鶏を除く食鶏に適用するとなっている．ただし，肥育鶏および地鶏については，「定義」及び「処理加工要件」に限り適用するものとする．

3) 定　義

a) 「食鶏」とは食用に供する健康鶏又はその部分をいい，「生体」とは生きている食鶏をいう．「と体」とは食鶏を放血・脱羽したものをいい，「中ぬき」とはと体から内臓（腎臓を除く），総排泄腔，気管及び食道を除去したものをいう．「解体品」とはと体又は中ぬきから分割又は採取したもの（胸腺，甲状腺及び尾腺を除去したものに限る）をいう．ただし，中ぬきについては，尾部の有無は任意とする．

b）「生鮮品」とは鮮度が良く凍結していないと体，中ぬき及び解体品（輸送中の鮮度保持のために表面のみが氷結状態になっているものを含む）をいい，「凍結品」とは生鮮品を速やかに凍結し，その中心温度を −15℃以下に下げ，以後平均品温を −18℃以下に保持するように凍結貯蔵したものをいう．

c）「若どり」とは 3 ヵ月齢未満の食鶏をいい，「肥育鶏」とは 3 ヵ月齢以上 5 ヵ月齢未満の食鶏をいう．「親めす」とは 5 ヵ月齢以上の食鶏の雌をいい，「親おす」とは 5 ヵ月齢以上の食鶏の雄をいう．

d）親めすに係る生体，と体及び中ぬきについては，それぞれ「卵用種」及び「肉用種」に区分する．

e）「骨つき肉」とは解体品で骨つきのものをいい，「正肉類」とは解体品で骨を除去した皮つきのもの（「ささみ」，「こにく」及び「あぶら」を除く）をいう．

f）「主品目」とは解体品のうち骨つき肉及び正肉類をいい、「副品目」とは主品目以外のもので「二次品目」を除いたものをいい，「二次品目」とは主品目又は副品目を分割し，ぶつ切りし，細切し，挽き，又は骨肉分離機で分離したものをいう．

4）　格付要件

食鶏の品質標準は，若どりの生体，と体及び中ぬきについて定め，その格付けに際しては，そのものが品質標準表の全項目を満足することを要件とする．

5)　処理加工要件

a)　生体については，と畜直前の消化器官内の残留物を僅少にしなければならない.

b)　と体については，放血及び脱羽を十分に行わなければならない．また脱羽のための湯漬けは，と体の皮膚及び肉が生鮮状態を保持しうる温度及び時間の範囲内で行わなければならない.

c)　中ぬき及び解体品については，処理加工及び冷却の過程で吸着した水分を十分に排除しなければならない.

6)　袋詰及び箱詰規格

a)　袋詰は，「手羽もと」「手羽さき」「手羽なか」「手羽はし」「正肉類」「ささみ」「かわⅠ型」「かわⅡ型」「こにくⅠ型」「こにくⅡ型」「きも」及び「すなぎも」の別に行うものとし，1袋当たり正味重量2キログラムを基本とする.

b)　箱詰は，1箱当たり袋詰したもの6袋を基本とする.

7)　生　　体

a)　生体の重量区分

若どりの生体の重量区分は，若どりについて，大，中，小に分け，「大」は2,000 g以上，「中」は1,500 g以上2,000 g未満，「小」は1,500 g未満としている．親の生体については，重量区分を設けない.

b)　生体の品質標準

若どりの生体の品質標準は，形態，肉づき，脂肪のつき方，羽毛の状態，外傷等の5項目に基準を定め，形態が正常で,肉づきが良好，脂肪のつき方が全体に適度についており，羽毛の状態は良く生え揃っていて，骨折，脱臼，傷，変色，胸だこなどの外傷のないものと定めている．

8) 生鮮品

と畜をした若どりは，生鮮品としてと体，中ぬき及び解体品に分類されている．親のと体には重量区分を設けない．

a) 若どりのと体の重量区分及び品質標準

と体の重量区分は1羽当たり2,200g以上を「特大」とし，以下「大」「大小」「中」「中小」「小」の6項目に分け，「小」は1,000 g以上1,200 g未満とし，需要の多様化に対応できるようになっている．

品質標準は形態，肉づき，脂肪のつき方，鮮度，筆羽・毛羽，外傷等，異物の付着，異臭に分けて基準を定め，正常な形態，良好な肉づき，全体に適度についている脂肪，皮膚の色が良く，光沢があって，肉の締まりが良い鮮度の状態をし，筆羽や毛羽がほとんどなく，外傷や異物の付着，異臭のないものをA級と定めている．

b) 中ぬきの型，重量区分及び品質標準

中ぬきの型については頭や脚のついたⅠ型から，頸を除去し，脚を関節で切断したⅤ型のものまで，5種類に分類される．

若どりの中ぬきⅠ型，Ⅱ型には重量区分は設けず，Ⅲ型，Ⅳ型及びⅤ型については，1羽当り1.4 kgもの（1,400 g以上1,500 g未満）から，0.9 kgもの（900 g以上1,000 g未満）の

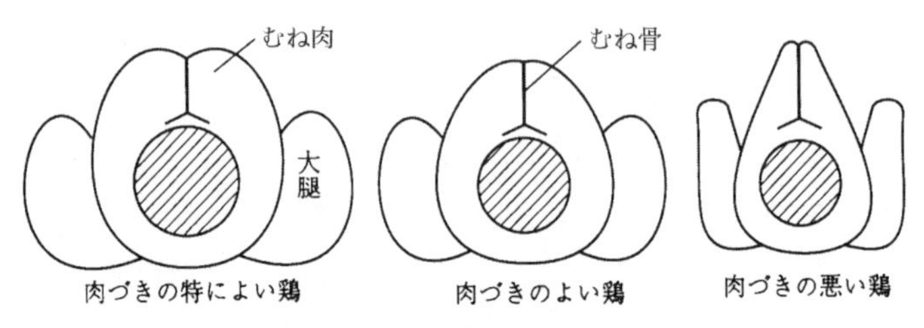

図 8.3　食鶏の胸部胴体断面図
(駒井「食鶏の規格と流通」養賢堂 (1974 年))

6 区分に分けている.

品質標準は形態, 肉づき, 脂肪のつき方, 鮮度, 筆羽・毛羽, 外傷等, 異物の付着, 異臭, 水きりに分けて基準を定め, 正常な形態, 良好な肉づき, 全体に適度についている脂肪, 皮膚の色が良く, 光沢があって, 肉の締まりが良い鮮度の状態をし, 筆羽や毛羽がほとんどなく, 外傷や異物の付着, 異臭がない, 水きりのよいものを A 級と定めている.

c)　解体品の部位, 重量区分及び品質標準

図 8.4　食鶏の解体図

解体品は, 主品目と副品目及び二次品目に分け, 主品目は, 骨つき肉と正肉に区分されている. 骨つき肉の部位は「手羽類」「むね類」「もも類」に分けられ, 分割の仕方によって, 手羽類は, 手羽, 手羽もと, 手羽さき, 手羽なか, 手羽はしの 5 種類に, むね類は, 手羽もとつ

きむね肉の1種類とし，もも類は，骨つきももⅠ型，骨つきももⅡ型，骨つきうわもも，骨つきしたももの4種類に分類されている.

重量区分は若どりの「手羽もとつきむね肉」,「骨つきももⅠ型」,「骨つきももⅡ型」について設けられている.

正肉類は，親めすの正肉類には「親」を冠するものとし，皮を除去した正肉類は「皮なし」とする.

(例)「皮なしもも肉」

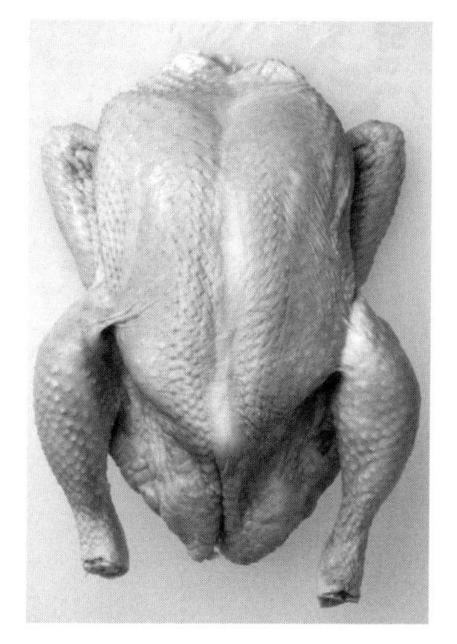

写真 8.3　中ぬきⅤ型
(一社) 日本食鳥協会　食鶏取引規格
平成23年1月改正

d)　副品目

副品目の部位は次に記載する14項目で，親めす及び親おすの「ささみ」「かわ」「こにく」「もつ」「きも」及び「すなぎも」には親を冠することとなっている.

ささみ………………腱のついた深胸筋
かわⅠ型……………頸皮
かわⅡ型……………頸皮以外の皮
こにくⅠ……………「くび」に付着している肉を切りとったもの

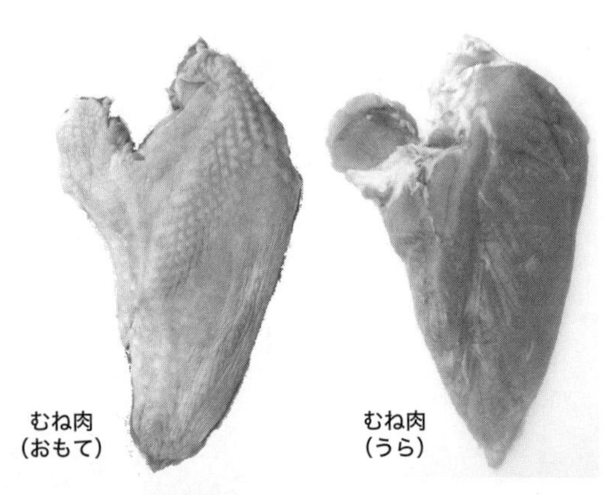

写真 8.4　正肉類・むね肉

(一社) 日本食鳥協会　食鶏取引規格　平成 23 年 1 月改正

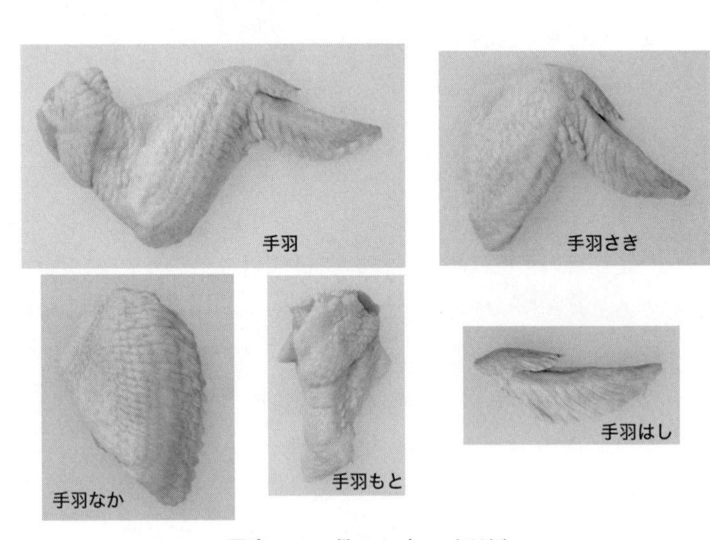

写真 8.5　骨つき肉・手羽類

(一社) 日本食鳥協会　食鶏取引規格　平成 23 年 1 月改正

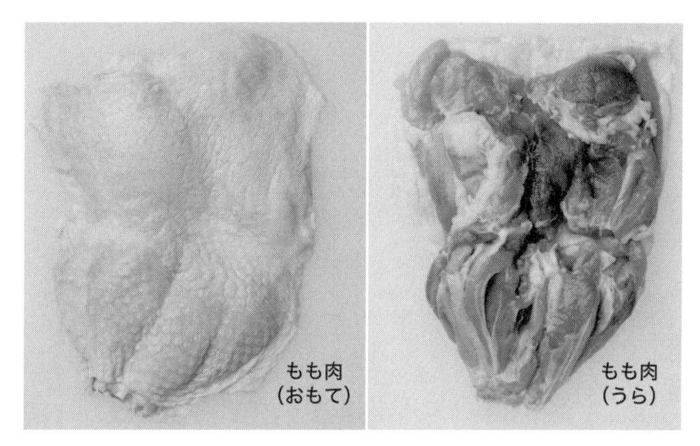

写真 8.6　正肉類・もも肉

（一社）日本食鳥協会　食鶏取引規格　平成 23 年 1 月改正

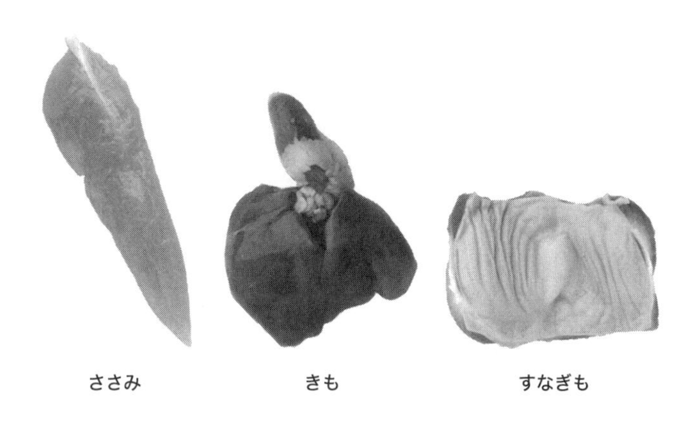

写真 8.7　副品目

（一社）日本食鳥協会　食鶏取引規格　平成 23 年 1 月改正

こにくⅡ……………正肉類及び「ささみ」を除去した胸骨，胸椎及び腰骨（腸骨，坐骨及び恥骨）に付着している肉を切り取ったもの

はらみ（腹筋）……腹壁の筋肉（腹肉）：外腹斜筋，内腹斜筋，腹直筋及び腹横筋

あぶら………………主として腹部の脂肪層

もつ…………………可食内臓

きも…………………心臓及び肝臓．ただし，心臓と肝臓を別個に取り扱う場合は，心臓については「心臓」又は「ハート」とし，肝臓については「肝臓」又は「レバー」とする．

すなぎも……………内層を除去した筋胃

くび…………………皮を除去した頸部

がらⅠ………………くび，背部及び腰部分の骨で「こにく」のついているもの

がらⅡ………………頭部及びあし部分以外の骨で「こにく」のついていないもの

なんこつ……………胸椎および関節の軟骨．ただし，部位を表示する
(例)「なんこつ（胸骨）」

e） 二次品目

二次品目は，次のとおりとする．ただし「ぶつ切り」「切りみ」及び「ひき肉」は使用した解体品の部位を併せて表示するものとする．

手羽なか半割り……「手羽なか」を尺骨部分と橈骨部分に分割したもの

ぶつ切り……………「中ぬきV型」及び「骨つき肉」をぶつ切りにしたもの

切りみ………………「正肉類」及び「ささみ」分割又は細切したもの

ひき肉………………解体品の主品目及び副品目を挽いたもの

すりみ………………骨肉分離機で分離した肉

f) 解体品の品質標準

若どりの解体品のうち主品目の品質標準は，中ぬきの品質標準に準じ，副品目及び二次品目の品質標準は，生鮮品としての特長を失わないものであると定めており，親の解体品については，品質標準を設けていない.

9) 凍結品

凍結品の部位及び重量区分は，生鮮品の部位及び重量区分に準じ，凍結品で重量区分を定めるものは，その中心温度が−15℃に達したとき，当該重量範囲に適合していることを要件としている.

品質標準については，生鮮品のと体，中ぬきまたは解体品のA級（副品目及び二次品目にあっては，生鮮品としての特長を失わないもの）を凍結したものとし，包装または適正な氷衣（グレーズ）等により，固有の色沢（ブルーム）及び正常なにおいを保持し，ほとんど乾燥していないもので，凍結やけがなく，異物の付着又は混入のないものとしている.

8.4.2　食鶏小売規格

1)　食鶏小売規格の設定

かつては独自の名称などにより，地域的な流通形態をとっていたが，食鶏の解体品の名称や，品質標準などを同一にして，公正な販売競争のもと消費者が適正な判断を下し，正しい商品知識の普及により，消費をより促進させることを目的に「食鶏小売規格」が昭和48年（1973年）に設定された．

食鶏の解体品の小売品目は，38品目に整理され，それぞれの形態や名称が決められ，生鮮品の品質表示は，特級，一級および二級とされ，それぞれの等級の品質標準が定められた．これによって，食鶏の解体品が同一の形態，名称および品質表示のもとに販売されるようになった．

その後，小売の実態がかなり変化しているため，この変化に対応して直近では平成23年（2011年）に改定を行っている．

2)　目　　的

この小売規格は，小売段階における食鶏の種類，部位及び品質標準並びにそれらの表示について定めることを目的とする．

3)　適用範囲

この小売規格は，小売段階における食鶏の「若どり」及び「親」について適用し，肥育鶏及び地鶏については，「4）定義」及び「6）表示」のd)，e）に限り適用し，輸入食鶏については，「6）表示」のe）及びg）に限り適用するものとする．

4)　定　　義

a）「食鶏」とは食用に供する健康鶏又はその部分をいい，「と体」とは食鶏を放血・脱羽したものをいい，「中ぬき」とは，と体から内臓（腎臓を除く），総排泄腔，気管及び食道を除去したものをいい，「解体品」とはと体又は中ぬきから分割又は採取したもの（胸腺，甲状腺及び尾腺を除去したものに限る）をいう．ただし，中ぬきについては，尾部の有無は任意とする．

b）「生鮮品」とは鮮度が良く凍結していない解体品をいい，「凍結品」とは生鮮品を速やかに凍結し，その中心温度を−15℃以下に下げ，以後平均品温を−18℃以下に保持するように凍結貯蔵したものをいい，また，「解凍品」とは凍結品を解凍したもので，その品質は，本規格の項目の解凍品の品質標準を満足するものとする．

c）「若どり」とは3ヵ月齢未満の食鶏をいい，「肥育鶏」とは3ヵ月齢以上5ヵ月齢未満の食鶏をいい，また「親」とは5ヵ月齢以上の食鶏をいう．

d）「骨つき肉」とは解体品で骨つきのものをいい，「正肉類」とは解体品で骨を除去した皮つきのもの（「ささみ」，「こにく」及び「あぶら」を除く）をいう．

e）「主品目」とは解体品のうち「丸どり」，骨つき肉及び正肉類をいい，「副品目」とは主品目以外のもので「二次品目」を除いたものをいい，「二次品目」とは主品目又は副品目を分割し，ぶつ切りし，細切し，又は挽いたものをいう．

5）品質標準

食鶏の品質標準は，若どりの主品目について定め，若どりの副品目及び二次品目の品質標準は生鮮品としての特徴を失わないものであり，親の解体品については，品質標準を設けない．

6) 表　示

a)　小売店において食鶏を小売りする際には，この小売規格に定める種類及び部位を表示するものとする．ただし，主品目については，その用途を併記することができるものとする．

b)　二次品目（「手羽なか半割り」を除く）は，使用した解体品の部位を併せて表示するものとする．

c)　親の解体品には，“親”を冠する．

d)　凍結品は，“凍結品”であることを表示するものとする．

e)　解凍品は，“解凍品”であることを表示するものとする．

f)　正肉類について，皮を剥いで販売する場合には，“皮なし”であることを表示する．

g)　輸入食鶏（国内における飼養期間が外国における飼養期間（2 以上の外国において飼養された場合には，それぞれの国における飼養期間．以下同じ.）より短い鶏を処理して生産されたものを含む）は，原産国(地) を表示するものとする．

7) 生鮮品の部位

親の生鮮品は，「丸どり」，正肉類，「かわ」「きも」「きも（血ぬき)」「すなぎも」及び「すなぎも（すじなし)」に限るものとする．

a)　主 品 目

主品目は，「丸どり」，骨つき肉及び正肉類に区分する．ただし，親にあっては，丸どり及び正肉類に限るものとする．

「丸どり」とは，と体から内臓（腎臓を除く），総排泄腔，気管，食道，頭及び頸を除去し，あしをあし関節またはけづめの直上で切断したもので，頸皮は2分の1を残す．

「骨つき肉」は，「手羽類」「むね類」及び「もも類」に細区分され，「手羽類」は，次の4種類に分かれている．

手羽もと……上腕部分

手羽さき……上腕から先端部分までの全部から「手羽もと」を除去した残部

手羽なか……「手羽さき」から先端部分を除去した残部

手羽はし……「手羽さき」から「手羽なか」を除去した残部（先端部分）

「むね類」は，次の2種類とする．

骨つきむね……胸椎及び胸椎に付随する肋骨を除去した胸部で，手羽（上腕から先端部分までの全部）を

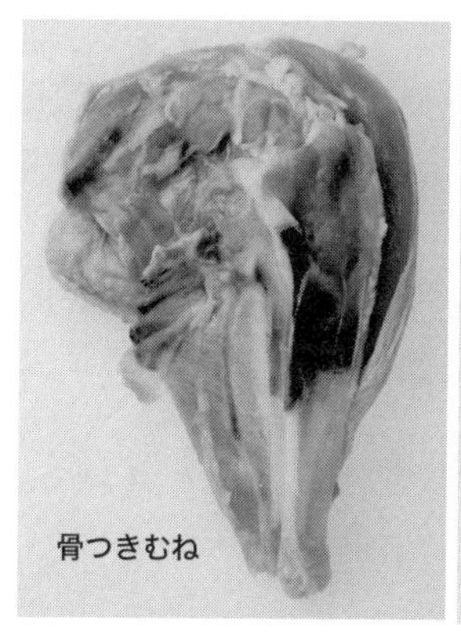

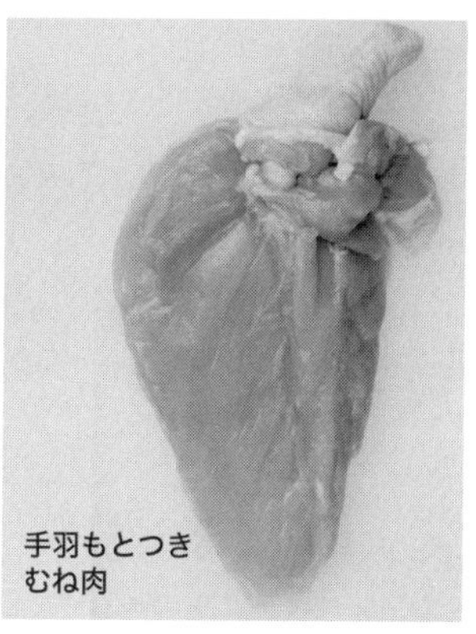

写真 8.8　骨つき肉・むね肉

（一社）日本食鳥協会　食鶏小売規格　平成23年1月改正

含むもの．ただし，頸皮は除去する．

手羽もとつきむね肉…「手羽もと」つきの胸部の正肉類．ただし，頸皮は除去する．

「もも類」は，次の3種類とする．

骨つきもも………大腿関節で分割し，あしをけづめの直上で切断したもの．

骨つきうわもも…大腿関節で分割し，あしをあし関節で切断した腿をひざ関節で分割した上の部分（大腿）

骨つきしたもも…大腿関節で分割し，あしをあし関節で切断した腿をひざ関節で分割した下の部分（下腿）

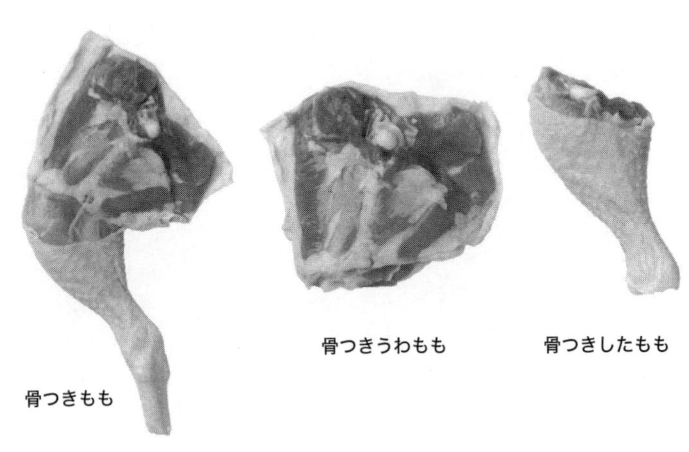

写真 8.9 骨つき肉・もも類
（一社）日本食鳥協会　食鶏小売規格　平成23年1月改正

「正肉類」は，次のとおりとする．ただし，親の正肉類は，むね肉，もも肉及び正肉とする．

むね肉…………手羽（上腕から先端部分までの全部）及び頸皮を除去した胸部の正肉類

特製むね肉……手羽（上腕から先端部分までの全部）及び頸皮を除去した胸部の正肉類で，周辺の皮及び脂肪を除去して整形したもの

もも肉…………腿の正肉類

特製もも肉……「もも肉」から主な腱及びあし関節付近の皮及び筋上膜を除去したもの

正肉……………「むね肉」及び「もも肉」を併せたもの

特製正肉………「特製むね肉」及び「特製もも肉」を併せたもの

b)　副 品 目

副品目は次の 12 種類とする．

ささみ………………腱のついた深胸筋

ささみ（すじなし）…腱の主要部分を除去した深胸筋

こにく………………正肉類及び「ささみ」を除去した骨に付着している肉を切り取ったもの

かわ…………………皮

あぶら………………主として腹部の脂肪層

もつ…………………可食内臓

きも…………………心臓及び肝臓．ただし，心臓と肝臓を別個に販売する場合は，心臓については

「心臓」又は「ハート」とし，肝臓については「肝臓」又は「レバー」とする．

きも（血ぬき）………心臓（血抜きし，上部を除去したものに限る）及び肝臓
血抜きし，上部を除去した心臓は「心臓（血ぬき）」又は「ハート（血ぬき）」とする．

すなぎも……………腺胃及び内層を除去した筋胃

すなぎも（すじなし）…腱質の主要部分を除去した「すなぎも」

がら…………………頭部及びあし部分以外の骨

なんこつ……………胸骨及び関節の軟骨．ただし，部位を表示する
(例)「なんこつ（胸骨）」

c)　二次品目

二次品目は，次のとおりとする．

手羽なか半割り……「手羽なか」を尺骨部分と橈骨部分に分割したもの

ぶつ切り……………あしをあし関節で切断した「丸どり」及び骨つき肉をぶつ切りしたもの

切りみ………………正肉類を細切したもの

ひき肉………………正肉類又は「こにく」を挽いたもの

8)　生鮮品の品質標準

若どりの生鮮品の主品目の品質標準は次のとおりとし，親につ

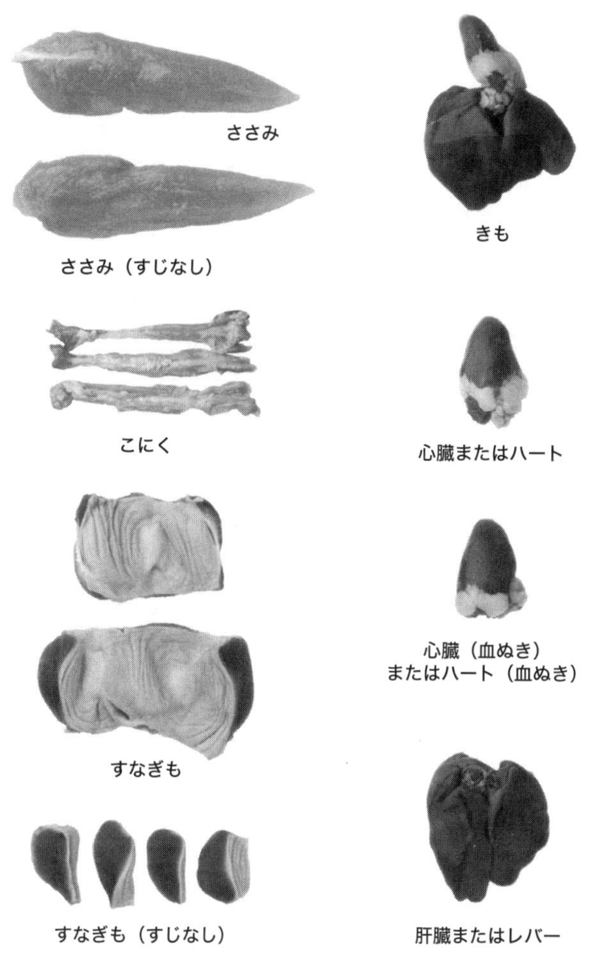

写真 8.10　副品目

（一社）日本食鳥協会　食鶏小売規格　平成 23 年 1 月改正

いては，品質標準を設けない.

品質標準は形態，肉づき，脂肪のつき方，鮮度，筆羽・毛羽，

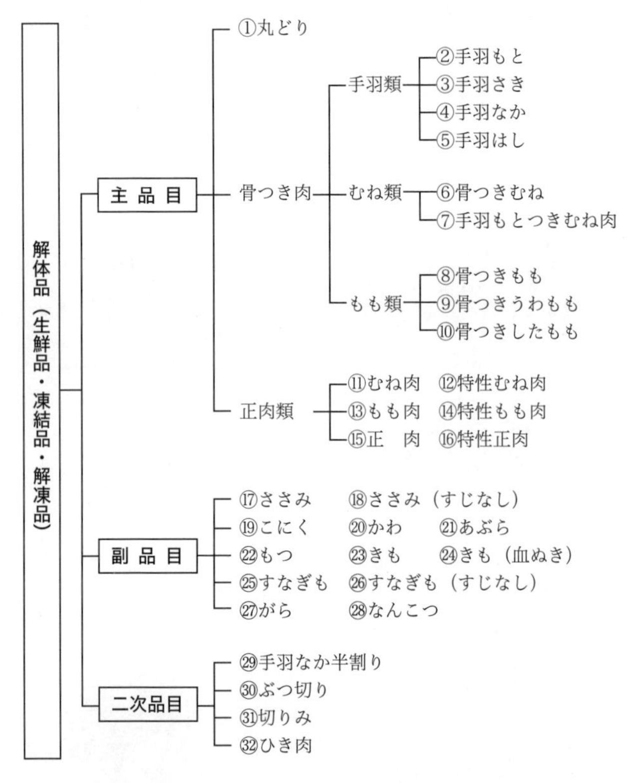

「解体品」の部位は，「主品目」(16)，「副品目」(12) 及び「二次品目」(4) を合わせて 32 となる.

(注) 親の「解体品」の部位は，丸どり，正肉類 (3)，かわ，きも，きも（血ぬき），すなぎも及びすなぎも（すじなし）の合計 9,
なお，この場合にあっては，部位名の前に“親”を冠する.

図 8.5 食鶏小売規格の解体品の部位

(一社) 日本食鳥協会 食鶏小売規格 平成 23 年 1 月改正

外傷等，変色，骨折・脱臼，異臭，異物の付着に分けて基準を定め，正常な形態，良好な肉づき，全体に適度についている脂肪，皮膚の色が良く，光沢があって，肉の締まりが良い鮮度の状態とし，筆羽や毛羽がなく，外傷，変色，骨折・脱臼，異臭，異物の付着のないものと定めている．

9）凍結品

a）凍結品の部位

凍結品の部位は，生鮮品の部位に準ずるものとする．

b）凍結品の品質標準

凍結品は、生鮮品を凍結したものとし、包装又は適正な氷衣（グレーズ）等により固有の色沢（ブルーム）及び正常なにおいを保持し、ほとんど乾燥していないもので、凍結やけが無く，異物の付着又は混入の無いものとする．

10）解凍品

a）解凍品の部位

解凍品の部位は，生鮮品の部位に準ずるものとする．

b）解凍品の品質標準

解凍品は，9）で述べた凍結品を適切な解凍方法によって昇温させて，凍結品中の氷の結晶の全部またはほとんどが融けて水に変り，チルド状態に保たれているものとする．

8.5　食鶏の価格

現在の流通価格は，インテグレーションとして契約のもとに飼育管理をしているので，かつての相場による価格形成は見られない．以前は東京の荷受大手8社による建値が，全国相場を支配していた．すなわち個々の荷受会社の入荷検品時点での，鮮度，粒ぞろい（1羽当たりの重量），仕上げ状態（脱羽，肌の状態）などにより，検品担当者の判断で入荷日の相場に高値，安値の差をつけていたが，基本的には価格形成は中央卸売市場がない関係から，需要供給の原則に立ってはいるものの次のような要因も影響を及ぼしていた．

①各荷受会社の持っている生産地との地理的条件（天候の影響，農作業との関係，生産地と消費地との交通事情），

②各荷受会社と販売先との関係（形態，重量別による需要，業種による需要）

などが関与し，この要因が個々の荷受会社の特殊事情（販売先が小売業であるとか，ホテル，レストランなどの業務用であるなど）と絡んで，相場に差が生じていたようである．

経営費の80%以上は，ヒナ導入費と飼料代であり，昭和50年代と現在の比率に大きな変化はない．

株式会社鶏鳴新聞社の調査によれば，平成26年（2014年）の1羽当たりの平均生体重（農水省統計＝2.94 kg）で割った生体1 kg当たりの生産コストはおよそ158円89銭であった．経営規模別でみた生体1 kg当たりの生産コストは，年間平均販売羽数10万羽未満が185円20銭，10万羽以上20万羽未満が151円56銭，20万羽以上が161円07銭である．

農林水産省「農業物価指数」によればブロイラーの農家販売価

表 8.3　鶏肉の価格動向

平成	卸売価格（東京）注2)				小売価格 注3) 注4)					
	もも肉		むね肉		もも肉（東京）		通常価格（全国）円/kg		特売価格（全国）円/kg	
	円/kg	前年比（%）	円/kg	前年比（%）	円/kg	前年比（%）	もも肉	むね肉	もも肉	むね肉
21	617	89.7	211	63.4	1,280	95.2	—	—	—	—
22	632	102.4	250	118.3	1,300	101.6	—	—	—	—
23	627	99.2	246	98.6	1,300	100.1	—	—	—	—
24	575	91.7	197	80.0	1,240	95.1	—	—	—	—
25	612	106.4	265	134.5	1,270	102.2	1,310	840	900	510
26注1)	600	—	291	—	1,340	—	1,350	850	980	550

農林水産省推計「食鳥市況情報」，総務省「小売物価統計調査」，（独）農畜産業振興機構

注）1：平成26年（2014年）は4月から9月までの平均
　　2：卸売価格（東京）は消費税は含まない
　　3：小売価格は消費税を含む
　　4：全国小売価格の通常価格と特売価格は平成25年度から調査を開始

格は平成26年度（2014年）で生体1 kgあたり223円であり，平成22年度（2010年）以降，鶏肉の堅調な需要に支えられて生体1 kgあたり200円前後で推移している．

また，平成25年（2013年）の東京の卸売価格（消費税含まない）はもも肉が1 kgあたり612円，むね肉が265円であった．

8.6 食鶏の利用

8.6.1 消費者の鶏肉のイメージ

公益財団法人 日本食肉消費総合センターが平成27年(2015年)度に「食肉に関する意識調査」を行ったところ，鶏肉のイメージは，「価格が手ごろ」が最も多く，次いで「低カロリー」「タンパク質が豊富」「健康に良い」が続き健康的でヘルシーな印象を持っている．

これを牛肉では「スタミナ源」「タンパク質が豊富」が上位となり，豚肉では「価格が手ごろ」「調理しやすい」「調理のメニューが豊富」が上位になることから，鶏肉は牛肉，豚肉に比べ，より健康志向のイメージが強い食肉であることがわかる．

購入頻度を見ると，牛肉は「週に1回程度」が多いものの，豚肉と鶏肉は「週2～3回」と牛肉よりも多かった．

国産鶏であれば「他の原産地と同程度の価格であれば購入」「安ければ購入」の割合が非常に高いが，輸入鶏肉はアメリカ，ブラジル産であれば「安ければ購入」する割合が多いものの，中国産やタイ産は購入したくないという消費者が多い．

安全性について不安に感じることは「えさ，飼育」が最も高く，どのような飼料を給与しているのかが見えないことが不安となっている．また国産であっても偽装されているのではないかという不安も漠然と持っているようである．

消費者の鶏肉のイメージは，他の肉に比べてヘルシーであり，価格が安く手軽に購入でき，国産であればより安心して購入できると感じている．

8.6.2　鶏肉の選び方

と体の場合は，腹が淡黄色に透き通っており，胸の部分に脂肪ののった肉づきの良いものがよく，胸骨の先の軟骨部が多いものほど若くて肉は軟らかいが，胸骨全体が硬い骨になったものは肉も硬い．

肉の色が淡くてつやのあるものは軟らかく新しいが，赤みの濃いものは硬い．鶏肉は変質が早いので，と畜してから3日目位までに利用することが望ましい．

8.6.3　鶏肉のおろし方

自家用にと殺，解体，処理をし，部分肉にすることを身をおろすといい，脱羽までの工程は8.3節で述べたが，その後の工程については次の通りである．

1)　と体をよく水洗して水気をふきとる
2)　頸の背側の皮を，頸の付け根から包丁で切り開く
3)　皮を頸よりはがす
4)　頸の付け根にエサの入った砂嚢（さのう）があるので，これを引っぱり出して取り，さらに頸をこの部分で切り取る
5)　頸から指を入れてできるだけ心臓や内臓をはずす
6)　総排泄口の周囲を包丁で体表から切り離す
7)　総排泄口から手を入れて，内臓ごと引っぱり出す

このような処理をしたものはローストチキンや詰め物用に利用される．また，部分肉におろすのは次のような手順で行う．

8) 大腿の内側の付け根に包丁をいれて関節をはずし，外側に引っぱってももをはずす
9) 肩の関節に包丁を入れて関節をはずし，手羽を胸からはずす
10) 胸骨の両側にある「ささみ」をはがす
11) 脚から腱を抜く
12) もも肉の骨に沿ってたてに包丁をいれて肉を開き，骨と肉をはずし，中央の関節を切り，切り口を包丁で押さえて肉をはがしとる

8.6.4 鶏肉の部位と調理

鶏肉は牛，豚肉に比べて脂肪が皮下に多く，筋肉層には少ないので，肉の味は淡白で軟らかい．調理の方法は，利用する部位によって，煮る，焼く，生などが決まっているが，同じ1羽の鶏であっても，その部位特有の色調，テクスチャー，うま味，脂肪の多少などがあるから，その部位に合った調理方法を選ぶのが，最も定型的な料理といえる．

手羽や脚の骨つき肉は，チキンカツとして利用され，から揚げには胸肉やもも肉の大きな骨を除いたものがよく，水だきには骨つきのままぶつ切りや薄くそぎ切りなどで利用されている．

骨（ガラ）や筋からはスープをとり，羽はフェザーミール（羽毛を細切して肥料，飼料の原料とする）として，また特殊な商品として，

テール，モミジなどがある．

鶏肉の部位は大きく「むね」「もも」「手羽」「ささみ」「皮」「副生物（内臓）」の6つに分けられ，それぞれに特徴があるが，どの部位も食べやすく，さまざまな料理に幅広く利用できる．手頃な価格で利用価値が高いのは若鶏（ブロイラー）で，柔らかく味にクセがなく，しっかりした味付けや，香辛料を効かせるとおいしい．地鶏（銘柄鶏）は価格は高めになるが，風味と歯ごたえがあり，鍋やしゃぶしゃぶなどに向いている．内臓は，鮮度の良いうちに手早く調理することが重要である．

8.6.5　鶏肉すりみ（CCM）

これはcomminuted chicken meatの頭文字をとってCCMとよんでいるが，「小さな鶏肉の固まり」という意味がある．

CCMは従来の人手によってナイフで正肉を切取るという考えを捨て，軟らかいもの（肉）と硬いもの（骨）とを分ける機械に着目して，肉と骨を混合粉砕し，硬軟を選別したのに始まる．具体的にCCMは機械で肉と骨を混合粉砕し，ひき肉にしたもののことをいう．CCMの優れた点は，

①人手に触れないため衛生管理体制がとりやすい

②採肉工程のスピードが1～2分と速い

③処理能力が毎時3～7トンと大きい

④採肉歩留りが高い

など，生産割合は頸からのものが70～80％，胸からは20～30％となっており，頸を原料にしたものはソーセージ，ハンバー

グに，胸は缶詰への需要が多い.

優良品質の CCM の成分は，通常のもので脂肪 18±2%，タンパク質 12 ± 1%，水分 68 ± 2% となっている.

アメリカ，カナダでは鶏肉加工品は健康食品としてのイメージを打ち出して，新しい分野の需要が開拓されているが，わが国ではまだ鶏肉加工品の定着はみられない. CCM は今後の需要を見越して，現在わが国ではすべてが輸入品である.

8.6.6 デボンドミート（脱骨ミンチ肉）

畜肉資源の有効活用と地域生産加工業の収益向上をねらう具体策として，枝肉処理食品システムと畜産副生物高度利用システムとが強調され，副生物の再生技術が大きく変った.

骨に付着している若干の肉を利用する目的で，骨肉分離機が開発され，これによって得たミンチ肉をデボンドミートと称している. 肉の種類や部位によってその品質は異なるが，ソーセージなどの食肉加工品に利用される.

組成としては，タンパク質 14.2%，脂肪 20.4%，水分 67.0%，灰分 0.1% となっているが，スリットや細孔を通して強圧により，骨から流動物を圧搾分離するため，線維質が除去され，結着性やテクスチャーが正肉に劣る欠点はあるが，小骨片の除去などにより品質の向上が待たれるところである.

8.6.7 ハンバーグ

ハンバーグ類の原料肉として鶏肉の需要が高く，チルドハンバーグには鶏肉のみを使用したものは「チルドハンバーグ（チキン）」の名称を付すことができる．

8.7 鶏肉の科学

8.7.1 組　　織

肉の品質を示す要素として，軟らかさは重要な因子とされている．この軟らかさの表現方法として，針入度計とかテクスチュロメーターなどの計測値で表しているが，必ずしも的確な方法とはいえない．

組織学的にみて，筋肉は組織構造が複雑で，同一生体でも筋肉部位による差は大きく，1つの筋肉でも不均一など，物性測定から軟らかさを表すことは難しいとされている．

鈴木らは，鶏肉の食感をシャモおよびシャモ交雑鶏の10週齢から17週齢の雌について，浅胸筋（むね肉）を試料として，脂肪酸組成と筋線維の太さから調べてみた．

脂質は融点が低いほど，食感として味になめらかな感触を与えてうまいとされているので，脂肪酸組成を調べたが，融点の低いオレイン酸やリノール酸の組成比が，各週齢とも50.5～53.8%と過半数を占め，なめらかな感触のあることがわかった．

筋線維の太さを見るため，試料の一部を10%ホルマリンで固定し，パラフィン包埋をして組織切片を作り，ヘマトキシレン・エオジン染色をして一定面積中の筋線維の数と断面積を求めた．

一定面積（40,000 μ^2）中の筋線に数は，10 週齢では 38 本，12 週齢では 36 本，14 週齢 33 本と週齢がすすむにつれ本数が減り，1 本当たりの断面積（40,000 μ^2/ 本数）も 1,053 μ^2 から 1,822 μ^2 と太くなった．

8.7.2　栄養成分

可食部 100 g あたりの「むね皮なし」のタンパク質は成鶏肉は 24.4 g，若鶏肉で 23.3 g であり，「もも皮なし」ではそれぞれ 22.0 g と 19.0 g である．若鶏肉よりも成鶏肉の方がタンパク質量は多い．鶏肉には抗酸化作用が認められているイミダゾールジペプチドであるアンセリン，カルノシンが多く含まれており，特にアンセリンは牛，豚肉に比べ非常に高濃度に含まれている．

次いで可食部 100 g あたりの成鶏肉の脂質は「皮つき」では，むね，ももがそれぞれ 17.2 g と 19.1 g である．しかし，「皮なし」にすると，それぞれ 1.9g と非常に少なくなることから，皮下脂肪の多いことがわかる．

無機質のうちリンは 110 ～ 220 mg，鉄は赤味の少ないむね肉では 0.3 ～ 0.4 mg であるが，成鶏肉のもも肉では牛肉や豚肉並の 0.9 ～ 2.1 mg が含まれているが，若鶏肉では 0.6 mg と含有量は少ない．レチノールは牛肉，豚肉に比べて 3 倍から 10 倍と多く含まれている．

著者らは，東京しゃもの理化学特性を知るためにブロイラーとの比較試験を行った．一般成分量では粗脂肪含量は東京しゃもが低く，水分，粗タンパク質の差は認められなかった．また，

表 8.4　鶏肉の主要な栄養成分

可食部 100g あたり

		エネルギー	水分	タンパク質	脂質	灰分	カルシウム	マグネシウム	リン	鉄	レチノール	ナイアシン	飽和脂肪酸	不飽和脂肪酸
		Kcal	g	g	g	g	mg	mg	mg	mg	μg	mg	g	g
成鶏肉	むね　皮つき　生	244	62.6	19.5	17.2	0.7	4	20	120	0.3	72	7.9	5.19	10.57
	むね　皮なし　生	121	72.8	24.4	1.9	0.9	5	26	150	0.4	50	8.4	0.40	1.04
	もも　皮つき　生	253	62.9	17.3	19.1	0.7	8	16	110	0.9	47	3.8	5.67	11.78
	もも　皮なし　生	138	72.3	22.0	4.8	0.9	9	21	150	2.1	17	4.1	0.99	2.99
	ささみ　生	114	73.2	24.6	1.1	1.1	8	21	200	0.6	9	11.0	0.23	0.49
若鶏肉	むね　皮つき　生	145	72.6	21.3	5.9	1.0	4	27	200	0.3	18	11.2	1.53	3.70
	むね　皮なし　生	116	74.6	23.3	1.9	1.1	4	29	220	0.3	9	12.1	0.45	1.11
	もも　皮つき　生	204	68.5	16.6	14.2	0.9	5	21	170	0.6	40	4.8	4.37	8.56
	もも　皮なし　生	127	76.1	19.0	5.0	1.0	5	24	190	0.6	16	5.5	1.38	2.77
	ささみ　生	105	75.0	23.0	0.8	1.2	3	31	220	0.2	5	11.8	0.17	0.33
あひる	肉　皮つき　生	250	62.7	14.9	19.8	0.8	5	17	160	1.6	62	5.3	4.94	12.48
うずら	肉　皮つき　生	208	65.4	20.5	12.9	1.1	15	27	100	2.9	45	5.8	2.93	8.45

文部科学省 科学技術・学術審議会　日本食品標準成分表 2015 年版（七訂）

加熱損失（クッキングロス）はブロイラーが多く，破断応力は東京しゃもが高かった．さらに官能試験結果の主成分分析から「うまさ」を表す第1主成分と「硬さ」を表す第2主成分により寄与率70％までが説明でき，東京しゃもを「硬いがうまい」と判断していることがわかった．浅胸筋と大腿筋のそれぞれの遊離アミノ酸量については，アンセリンとカルノシンは大腿筋に比べ浅胸筋に有意に多く含まれており，タウリンは逆に大腿筋に多く含まれていることを報告した．

鈴木らはシャモやシャモ交雑鶏の一般成分を調べたが，肉の味の中心は水溶性化合物といわれているので，一般成分のほかエキス量も調べ，浅胸筋の一般成分，エキス分組成は品種間では有意差はないが，週齢には有意差がみられ，一般成分では水分，イノシン酸は週齢がすすむにつれ減少傾向を，タンパク質，エキス分，エキス有機物は増加傾向にあることを認めた．

同週齢の筋肉中の水分量はブロイラーより多いことからシャモや交雑鶏は筋肉中の固形分が少なく，発育の遅い晩熟型であると推察している．

筋肉中のエキス量は，同週齢のブロイラーより多く，またエキス分の抽出性はよく，エキス分の有機物も多いと報告している．

8.8　鶏肉の衛生と安全性

食鳥処理や食鳥検査については，「食鳥処理の事業の規制及び食鳥検査に関する法律」が施行され検査体制が整備されてきた．

食鳥肉がわが国の食肉消費量の約30％を占めるようになったのは，価格変動が少なく，また消化吸収の効率性，栄養成分の機能性から，健康志向や高齢者向けの食材としての利用が増加したことも一因である．食鳥処理においても他の畜肉同様にHACCPに対応した管理体制により安全で衛生的に行われることが要求されている．

8.8.1　微生物汚染と防止

食用に供される食鳥肉は，健康な生体から生産されたものでなければならないが，罹患していたり，斃死（へいし）したものは，人獣共通の感染症があるため利用されない．インテグレーションの中での異常鶏の発現率は1～2％と言われている．

細菌性疾病のうち，ブドウ球菌症や大腸菌症は，人の病気と病原体が同一であるので，汚染されてはならないものである．抗菌性物質の残留については，食品衛生法により含有してはならないと決められている．

市販されている食肉類のうち，食中毒細菌の検出率は鶏肉が最も高いといわれ，なかでもカンピロバクターの検出率は高く，食中毒件数の増加に対して，鶏肉が何らかの形で関与しているのではないかと指摘さえされている．またサルモネラ菌の検出率も高い．このような状況から，食鳥処理場での微生物汚染が最も懸念されるので，施設・設備の衛生管理や製品の衛生的取扱いが大切である．

養鶏場が大規模多数羽飼育という飼養形態に変わったため，鶏

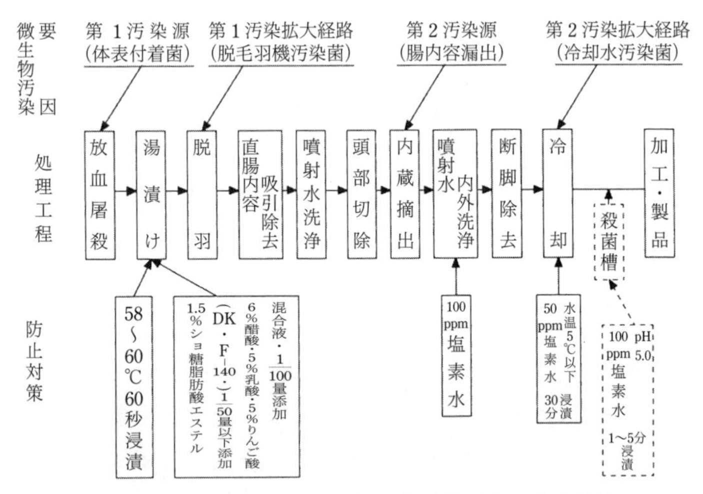

図 8.6　食鳥処理工程での微生物汚染要因と防止対策
（食の科学，特別企画「現代鶏肉考」，No.133，光琳（1989））

舎内の密飼いが汚染を広げる遠因を作っているともいわれている．特に鶏肉は死後硬直までの時間が他の家畜に比べ早く熟成も早い．したがってと殺・解体までの処理時間を素早く行う必要がある．さらに38℃前後あると畜体温を急冷する必要から冷却水を用いたりすることで，他の家畜と体にはない菌汚染の機会もあり，腐敗しやすい要因ともなっている．

養鶏場から食鳥処理場を経て，鶏肉として流通する間，各工程での汚染につながらないためのきめ細かな配慮が必要である．

8.8.2　取扱い上の注意

鶏肉の取扱いには，次のようなことに留意する必要がある．

生体時の筋肉などはほぼ無菌に近い状態であるが，食肉にするための処理で，ある程度の汚染は避けられない．流通中に細菌などの増殖を防ぐためには，当初受けた汚染量以上に細菌を増殖させないよう，低温に保つことが大切で，適正な冷蔵温度は2℃以下とされている．

冷凍肉は衛生面で問題が起こるのは解凍時で，できるだけ低温で作業を行なうことが望ましい．冷凍肉ではむしろ品質に及ぼす影響が大きく，−5～0℃の氷結晶生成帯をより早く通過させる急速凍結，緩慢解凍が望ましい．これによってドリップの流出を少なくし，品質の低下を防ぐことができる．

魚類の鮮度保持として，- 3℃に貯蔵するパーシャルとか，チルドというフリージング法があるが，凍結によるドリップの流出などの欠陥もなく，ある程度の期間鮮度が保持されるので，鮮度保持の面から，鶏肉でもパーシャルフリージング法を利用して，かなりの成果を得ている．

8.8.3　鳥インフルエンザ

平成12年（2000年）以降に鳥インフルエンザが世界的に流行している．鳥インフルエンザは伝播力が強く高致死性であることから養鶏業界に及ぼす影響はかなり甚大である．清浄性を維持し，疾病のまん延防止に努めることは，わが国の養鶏産業のみならず畜産業界の発展，公衆衛生の面からも必要不可欠である．

平成27年（2015年）に農林水産省は「高病原性鳥インフルエンザ及び低病原性鳥インフルエンザに関する特定家畜伝染病防疫指

針」を公表した.

1) 鳥類のインフルエンザは，A型インフルエンザウイルスの感染による疾病であり，家畜伝染病予防法（以下「法」）では，そのうち，次の3つを規定している.

a) 高病原性鳥インフルエンザ：国際獣疫事務局（OIE）が作成した診断基準により高病原性鳥インフルエンザウイルスと判定されたA型インフルエンザウイルスの感染による鶏，あひる，うずら，きじ，だちょう，ほろほろ鳥及び七面鳥などの家きんの疾病

b) 低病原性鳥インフルエンザ：H5又はH7亜型のA型インフルエンザウイルス（高病原性鳥インフルエンザウイルスと判定されたものを除く.）の感染による家きんの疾病

c) 鳥インフルエンザ：高病原性鳥インフルエンザウイルス及び低病原性鳥インフルエンザウイルス以外のA型インフルエンザウイルスの感染による鶏，あひる，うずら及び七面鳥の疾病

2) 高病原性鳥インフルエンザは，国際連合食糧農業機関（FAO）などの国際機関が「国境を越えてまん延し，発生国の経済，貿易及び食料の安全保障に関わる重要性を持ち，その防疫には多国間の協力が必要となる疾病」と定義する「越境性動物疾病」の代表例である.

3) 高病原性鳥インフルエンザウイルスは，その伝播力の強さ及び高致死性から，ひとたびまん延すれば，養鶏産業に及ぼす影響が甚大であり，鶏肉及び鶏卵の安定供給を脅かし，高病原性

鳥インフルエンザの非清浄国として信用を失うおそれがあることから，清浄性を維持継続していく必要がある．さらに，海外では，家きん等との接触に起因する高病原性鳥インフルエンザウイルスの感染による人の死亡事例も報告されており，公衆衛生の観点からも，本ウイルスのまん延防止は重要である．

4)　低病原性鳥インフルエンザウイルスは，高病原性鳥インフルエンザウイルスと同様に伝播力が強いものの，ほとんど臨床症状を示さず，発見が遅れるおそれがあり，海外では高病原性鳥インフルエンザウイルスに変異した発生事例も確認されている．さらに，高病原性鳥インフルエンザウイルスと同様に，公衆衛生の観点からも，本ウイルスのまん延防止は重要である．

5)　高病原性鳥インフルエンザ及び低病原性鳥インフルエンザについては，現在，わが国の近隣諸国において継続的に発生しており，これらの近隣諸国から，渡り鳥が飛来してウイルスを持ち込む可能性があるほか，人や物を介した侵入も考えられることから，今後もわが国に侵入する危険性が高い．このため，常に国内にウイルスが侵入する可能性があるとの前提に立ち，家きんの所有者と行政機関（国，都道府県及び市町村）及び関係団体とが緊密に連携し，実効性のある防疫体制を構築する必要がある．

6)　この指針については，本病の発生状況の変化や科学的知見，技術の進展等があった場合には，随時見直す．また，少なくとも，3年ごとに再検討を行う．具体的な予防対策として，防鳥ネットなどを設置し，野鳥，ねずみなどの野生動物の家きん舎への侵入を防止する．また壁，屋根などの破損や隙間などがあった場合は，侵入経路がないかの確認を行い速やかに補修する．家きん舎に入る場合には，ウイルスを持ち込まないよう，衣服や靴の交換や十分な消毒を行う．家きん舎が，池や湖沼などの野鳥生息地の近くにある場合，または野生動物の生息しやすい環境にある場合には，上記対策を定期的に点検・確認する．これまで以上に念入りに，飼養家きんの毎日の健康観察を行う．

万一，死亡家きんが増えたり，元気消失した家きんが増えるなどの異状を見つけた場合には，速やかに行政機関（家畜保健衛生所等）に連絡する．

以上のことなどが記されており，万全の態勢で対策を講じるように述べている．

8.9 その他の食鳥

8.9.1 あ ひ る

ガンカモ科の鳥，野生のマガモを飼いならして家きんにしたもので，翼は退化して飛ぶことはできない．人間に飼いならされるようになってから，産卵はしても自分で卵を抱くことを忘れてしまったため，鶏か七面鳥に抱かせるか，人工ふ卵器を使用している．

関東では俗にアイガモといっているが，地方によっては「マガモ」と「あひる」の交雑や，ガンカモ科の野鳥間の自然交配によったものなど，アイガモの呼び名は歴史的伝統的な慣例などによる場合が多く生物学的な定義は定かではない．わが国で主に飼われているのは，アオクビ種とペキン種の2種が多い．地方別には大阪，千葉，埼玉などで多く飼われている．

昭和20年代前半，東京都では江戸川流域の水田の除草目的と食糧難の対策として産肉性や産卵率の高い品種の作出に努め，農家へ飼育の奨励が行われている．また，昭和47年（1972年）の日中国交回復の動物交換ではパンダのほか北京アヒル（種卵として）も来日した．独自に品種改良を進め，大阪，香川，静岡，千葉などに配布したという記録も残されている．

アオクビ種は日本の在来種で，肉質は良い．早肥，早熟の改良種に，関東あひるがあるが，アオクビ種より大型で，産卵数も多く，卵肉兼用種として関東地方で多く飼育されている．

ペキン種は中国の原産で，外観は純白，肉質は繊維がやや粗く，味も多少劣る．

カントンアヒル（バリケン）は別名タイワンアヒルと称し，口ばしの上に皮脂腺があって特有の香気を放っている．肥育されたものは特に上等で，広東料理に使われる．

一般にあひるの肉はにおいがあって，味は鶏肉に劣るといわれるが，夏の脂ののった時期がおいしい．

中国のあひる料理「北京ダック」は有名である．ふ化後2ヵ月頃から，トウモロコシ，小麦粉，玄米，米ぬかなどを強制的に毎日2回詰め込む人工肥育法で太らせ，この人工的に肥らされたあひるを処理し，体内に空気を入れてふくらませ，体表に蜜を塗って陰干しし，これを伝統的にはナツメの木で炙る．

炙り上ったあひるは，皮をそぎ，その皮を細切りネギ，特殊なみそなどと一緒に，小麦粉で作った餅皮（カオヤーピン）で巻いて食べる．

フルコースではその他，頭，みずかき，内臓などの料理が加わり「全鴨席」と称している．

8.9.2 七 面 鳥

キジ科の鳥で，カナダからメキシコに至る北米各地方が原産地である．家きんの中では最も大型で，成熟したものは 10 ～ 15kg にもなる．アメリカでは鶏に次いで重要な家きんで，肉はおいしく，家きんの中で最もタンパク質が多い．

生後 1 年以内の若鳥で，去勢した雄が特に良く，雄の方が雌に比べて肉は軟らかい．七面鳥は冬に向かって脂がのり，12 月に入ると身がぐっと引き締まり，クリスマスの頃が最もおいしいとされている．

欧米ではクリスマスなどに七面鳥を使うのはよく知られているが，そのほか，結婚式やお祝い料理にもよく使われている．料理法としてはローストターキーが有名である．

8.9.3 う ず ら

キジ科の野鳥．産卵率は 75 ～ 80％と高い．うずらの肉は白色淡白で，肉がおいしく，特有の風味があって昔から高級料理に使われてきた．うずら椀といって賞味されているものは，肉だけを細かくひいて団子状に丸め，すまし汁の椀種にしたものだが，小さい鳥なので骨ごとたたいて料理する方が，野趣味溢れる味わいになって良い．うずらの肉は腐りやすいので，殺したらすぐ内臓をぬいて，1〜2日のうちに調理することが大切である．日本での飼育は肉用よりも採卵用が主流である．

8.9.4　かも（鴨）

ガンカモ科の野鳥．野鳥のうちでは最も美味とされている．種類は多く，マガモ，コガモ，クロガモ，オシドリなど百数十種もある．マガモを飼いならして，家きん化したものがあひるである．

カモは大部分が渡り鳥で，大陸から9〜10月頃渡来し，各地の湖沼，河海にすみ，翌春北方へ帰って行く．脂がのっておいしいのは，11月〜3月の寒い季節が旬といわれ，肉は赤味をおび軟らかで，風味があって鳥肉中最もおいしいとされている．かも料理は高級料理として扱われ，かも鍋，かも汁，かも飯，すき焼きなどがある．

8.9.5　きじ（雉）

キジ科の鳥．ニホンキジとコウライキジがあって，ニホンキジは日本特有の鳥で，本州，四国，九州にだけ分布している．コウライキジは朝鮮半島に生息し，日本にも一部生息している．王朝時代より鳥肉中の最高のものとされ，今でも宮中の元旦の御膳には，欠くべからざるものとされている．きじ飯，きじの丸蒸し，みそ漬けなどは有名である．最近ではジビエ料理としての利用がある．

8.9.6 がちょう

カモ科の家きん，元野生のガンを飼いならしたものといわれ，家きんの中でも古い歴史を有している．日本ではツールーズと支那ガチョウが中心に飼育されている．肝臓は雁肝とか，フォアグラと称して世界の珍味とされている．

8.9.7 うこっけい（烏骨鶏）

シルキーという羽毛と肉や骨が黒い特徴を持つ烏骨鶏は，江戸時代の初期にその薬効を記した薬学書とともに中国から渡来したと言われている． 中国や韓国では古来より肉や卵が薬膳料理の素材として珍重されてきた． 産卵率は低く，年間 50 ～ 80 個程度であるが，東京都で育種改良した「東京うこっけい」は産卵率と飼料効率の向上を目的に選抜を行った結果，都市の小規模養鶏を支える素材鶏として注目されている．都内のメーカーから「烏骨鶏ハム」が製造販売されている．

参考文献

1) 食の科学，特別企画「鶏肉」，No.25，丸ノ内出版（1975）
2) 食の科学，特別企画「現代鶏肉考」，No.133，光琳（1989）
3) 肉の科学，Vol.23, No.1, 日本食肉研究会（1982）
4) 日本畜産技術士会会報，第 34 号（1990）

5) 肉の科学, Vol.28, No.2, 日本食肉研究会（1987）
6) 日本食肉加工情報, No.371, "市販ハンバーグの調査成績"（1981）
7) 日本食肉加工情報, No.373, "ハンバーガーパティおよびチルドハンバーグステーキの適正表示"（1981）
8) ハンバーグ・ハンバーガー等の自主規格・検査規定　社団法人日本ハンバーグ・ハンバーガー協会（2008）
9) 内山, ニューフードインダストリー, "水産化学の基礎と応用研究", Vol.25, No.1（1983）
10) 駒井　亨, 食鶏の規格と流通, 養賢堂（1974）
11) 鈴木　晋, 沼田邦雄, 東京都農業試験場研究報告 No.12（1979）
12) 鈴木　晋, 沼田邦雄, 鶏肉の流通事情と鮮度保持に関する試験成績, 東京都農業試験場（1972）
13) 鈴木　晋, 沼田邦雄, 東京都農業試験場研究報告 No.17（1984）
14) 食肉に関する意識調査　公益財団法人 日本食肉消費総合センター（2016）
15) 三枝弘育ら, 軍鶏交雑鶏の遊離アミノ酸含量, 日本畜産学会会報 No.58（1987）
16) 三枝弘育ら, 東京都畜産試験場研究報告, No.22（1988）
17) 田先威和夫ら, 新編養鶏ハンドブック, 養賢堂（1982）
18) 食鶏取引規格・食鶏小売規格, 平成 23 年度改定版,（一社）日本食鳥協会（2011）
19) 小山七郎, 原色日本鶏, 家の光協会（1983）
20) 星野妙子編,『ラテンアメリカの養鶏インテグレーション』調査研究報告書, アジア経済研究所（2008）
21) 高病原性鳥インフルエンザ及び低病原性鳥インフルエンザに関する特定家畜伝染病防疫指針, 農林水産大臣公表, 平成 27 年（2015）
22) ブロイラーにおける一般的衛生管理マニュアル, 農林水産省　消費安全局動物衛生課
23) 畜産便覧　平成 19 年度版（社）中央畜産会（現（公社）中央畜産会）（2007）
24) 東京都畜産試験場 60 年史　東京都畜産試験場　昭和 57 年（1982）
25) 田中　実, 東京のアヒル飼育事情　私信（2017）
26) 文部科学省　科学技術・学術審議会　資源調査分科会編　日本食品標準成分表 2015 年版（七訂）（2015）
27) 地鶏肉の日本農林規格　最終改訂平成 27 年 8 月 21 日　農林水産省告示第 2009 号

9　食肉の輸入をめぐって

9.1　牛肉輸入自由化への経緯

牛肉については昭和39年（1964年）に外貨割当から数量割当制度に代わって，輸入枠は順次拡大されてきた．平成3年（1991年）から輸入枠を撤廃して関税化を行い，税率を段階的に引き下げた．平成7年（1995年）ウルグアイ・ラウンド交渉では合意水準以上の自主的引き下げを実施し，平成12年度（2000年度）以降は38.5%となっている．

自由化が始まる以前の平成2年（1990年）までに農林水産省は，肉用子牛生産安定等特別措置法を施行し，

①子牛価格の補てんとして「肉用子牛価格安定化対策」

②収益低下の補てんとして「肥育経営安定対策」

③生産性向上のための基盤整備推進

④食肉加工と流通の合理化対策

を行った．その後，平成3年（1991年）以降は従来の対策を再編し，

①牛肉の安定的供給の基本となる肉用子牛や肥育牛経営等の対策

②国内生産の維持拡大と供給力を確保するための諸対策

を講じた.

一方, 牛肉消費量は自由化と関税率の削減で輸入量は増加した結果, 国内生産量は低下した. 平成12年（2000年）に問題となったBSEの影響により, 牛肉全体の需要は減少したが, 輸入量も減少したことで国内生産割合は上昇した.

9.2　食肉需給と輸入肉の現況

9.2.1　輸入牛肉

平成27年度（2015年）における牛肉需給量のうち輸入量は48万7,098トンであり, 10年前の平成17年度（2005年）の45万7,758トンから漸増傾向にある. 輸入される牛肉の形態は, 輸送技術の関係から冷凍品が中心であったが, 解凍時にドリップが浸出するなど品質的に問題もあった. その後, 輸送技術も改善され大型コンテナ船の就航などから, 冷蔵品の輸送も可能になった.

輸入内訳は, 平成17年度は生鮮・冷蔵品と冷凍品はほぼ同量であったが, この10年間では生鮮, 冷蔵品はほぼ20万トンで横ばいで推移し, 冷凍品は約30万トン前後で推移しており, 冷凍品が多くなっている.

また, 平成27年度の国別の輸入先をみると, 牛肉はオーストラリアが28万9,232トンと最も多く, 次いでアメリカの16万3,650トンであり, この2ヵ国で, 93%を占めている. アメリカ産牛肉はBSE発生国であったことで一時輸入が禁止されていた

表 9.1　牛肉需給表

年度	推定期首在庫		生産量		輸入量		輸出量		推定期末在庫	
平成	トン	前年比%	トン	前年比%	トン	前年比%	トン	前年比%	トン	前年比%
17	64,279	96.2	348,094	97.8	457,758	101.7	49	50.0	64,444	100.3
18	64,444	100.3	346,437	99.5	467,057	102.0	99	201.4	76,406	118.6
19	76,406	118.6	358,817	103.6	462,615	99.0	345	347.1	72,813	95.3
20	72,813	95.3	362,660	101.1	469,321	101.4	551	159.7	79,254	108.8
21	79,254	108.8	362,634	100.0	474,815	101.2	676	122.8	69,071	87.2
22	69,071	87.2	358,261	98.8	511,049	107.6	495	73.2	85,920	124.4
23	85,920	124.4	353,768	98.7	515,764	100.9	581	117.2	79,733	92.8
24	79,733	92.8	359,746	101.7	505,232	98.0	945	162.8	85,499	107.2
25	85,499	107.2	354,005	98.4	535,134	105.9	915	96.8	107,176	125.4
26	107,176	125.4	351,508	99.3	516,200	96.5	1,363	149.0	127,418	118.9
27	127,418	118.9	332,415	94.6	487,098	94.4	1,583	116.1	115,994	91.0

農林水産省「食肉流通統計」，財務省「貿易統計」，在庫量は（独）農畜産業振興機構調べ
注：部分肉ベース．輸入量には煮沸肉並びにくず肉のうちほほ肉および頭肉のみを含む

輸入品在庫		国産品在庫		推定出回り量		うち輸入品		うち国産品	
トン	前年比%	トン	前年比%	トン	前年比%	トン	前年比%	トン	前年比%
53,598	97.5	10,846	116.6	805,638	99.6	459,141	101.3	346,497	97.5
66,124	123.4	10,282	94.8	801,432	99.5	454,531	99.0	346,902	100.1
62,722	94.9	10,091	98.1	824,680	102.9	466,017	102.5	358,663	103.4
66,553	106.1	12,701	125.9	824,989	100.0	465,490	99.9	359,499	100.2
57,429	86.3	11,642	91.7	846,955	102.7	483,939	104.0	363,016	101.0
75,042	130.7	10,878	93.4	851,966	100.6	493,436	102.0	358,530	98.8
68,366	91.1	11,367	104.5	875,138	102.7	522,440	105.9	352,699	98.4
75,084	109.8	10,415	91.6	858,267	98.1	498,514	95.4	359,753	102.0
95,169	126.8	12,007	115.3	866,547	101.0	515,049	103.3	351,499	97.7
118,627	124.6	8,791	73.2	846,103	97.6	492,742	95.7	353,361	100.5
104,891	88.4	11,103	126.3	829,353	98.0	500,834	101.6	328,520	93.0

表 9.2　牛肉の輸入動向（牛肉の国別輸入量）

年度	アメリカ						カナダ					
	生鮮・冷蔵		冷凍		計		生鮮・冷蔵		冷凍		計	
平成	トン	前年比%	トン	前年比%	トン	前年比%	トン	前年比%	トン	前年比%	トン	前年比%
17	628	—	34	—	662	—	114	—	0	—	115	—
18	6,945	—	5,285	—	12,230	—	2,010	—	504	—	2,514	—
19	19,885	286.3	16,301	308.5	36,185	295.9	2,105	104.7	1,342	266.2	3,447	137.1
20	32,566	163.8	23,645	145.1	56,211	155.3	2,036	96.7	2,807	209.2	4,843	140.5
21	35,556	109.2	37,848	160.1	73,404	130.6	2,970	145.9	6,600	235.1	9,570	197.6
22	47,683	134.1	50,435	133.3	98,118	133.7	3,637	122.4	9,615	145.7	13,252	138.5
23	66,462	139.4	57,263	113.5	123,725	126.1	2,771	76.2	7,474	77.7	10,245	77.3
24	72,787	109.5	58,378	101.9	131,166	106.0	2,123	76.6	9,075	121.4	11,198	109.3
25	87,674	120.5	113,137	193.8	200,811	153.1	1,468	69.1	10,750	118.5	12,218	109.1
26	78,685	89.7	107,581	95.1	186,266	92.8	2,136	145.5	13,658	127.0	15,794	129.3
27	72,261	91.8	91,390	84.9	163,650	87.9	1,589	74.4	7,031	51.5	8,621	54.6

年度	ニュージーランド						その他					
	生鮮・冷蔵		冷凍		計		生鮮・冷蔵		冷凍		計	
平成	トン	前年比%	トン	前年比%	トン	前年比%	トン	前年比%	トン	前年比%	トン	前年比%
17	4,822	125.8	34,775	112.7	39,618	114.2	2,661	266.2	8,390	260.5	11,265	212.6
18	5,701	118.2	29,501	84.8	35,208	88.9	2,434	91.5	4,711	56.1	7,332	65.1
19	6,065	106.4	27,540	93.4	33,619	95.5	1,623	66.7	7,401	157.1	9,197	125.4
20	5,889	97.1	26,244	95.3	32,136	95.6	1,333	82.1	9,107	123.0	10,504	114.2
21	6,330	107.5	20,574	78.4	26,912	83.7	1,050	78.8	8,429	92.6	9,523	90.7
22	7,456	117.8	25,725	125.0	33,195	123.3	1,281	122.0	12,968	153.9	14,290	150.1
23	7,662	102.8	21,541	83.7	29,220	88.0	1,414	110.4	16,456	126.9	17,941	125.6
24	7,796	101.8	23,358	108.4	31,165	106.7	1,712	121.1	20,972	127.4	22,706	126.6
25	6,190	79.4	22,023	94.3	28,227	90.6	2,361	137.9	13,799	65.8	16,163	71.2
26	5,372	86.8	17,889	81.2	23,285	82.5	3,137	132.8	10,898	79.0	14,037	86.8
27	4,912	91.4	9,586	53.6	14,525	62.4	2,599	82.9	8,469	77.7	11,069	78.9

資料：財務省「貿易統計

注1：部分肉換算した数値である（※1）

　2：煮沸肉、ほほ肉、頭肉を含む（※2）

年度	オーストラリア					
	生鮮・冷蔵		冷凍		計	
平成	トン	前年比%	トン	前年比%	トン	前年比%
17	218,809	101.4	186,761	96.3	406,099	99.0
18	206,277	94.3	202,996	108.7	409,772	100.9
19	179,721	87.1	199,882	98.5	380,167	92.8
20	163,002	90.7	202,095	101.1	365,627	96.2
21	164,459	100.9	190,509	94.3	355,406	97.2
22	153,997	93.6	197,818	103.8	352,194	99.1
23	132,549	86.1	201,526	101.9	334,632	95.0
24	127,126	95.9	181,365	90.0	308,998	92.3
25	114,646	90.2	162,407	89.5	277,714	89.9
26	127,502	111.2	148,733	91.6	276,820	99.7
27	125,641	98.5	162,800	109.5	289,232	104.5

年度	合計					
	生鮮・冷蔵		冷凍		計	
平成	トン	前年比%	トン	前年比%	トン	前年比%
17	227,034	102.9	229,960	100.8	457,758	101.7
18	223,368	98.4	242,997	105.7	467,057	102.0
19	209,399	93.7	252,466	103.9	462,615	99.0
20	204,826	97.8	263,898	104.5	469,321	101.4
21	210,365	102.7	263,959	100.0	474,815	101.2
22	214,053	101.8	296,562	112.4	511,049	107.6
23	210,859	98.5	304,260	102.6	515,764	100.9
24	211,544	100.3	293,149	96.3	505,232	98.0
25	212,339	100.4	322,116	109.9	535,134	105.9
26	216,832	102.1	298,759	92.7	516,200	96.5
27	207,003	95.5	279,276	93.5	487,098	94.4

が，平成17年度から再開されている．

品質についてはアメリカ合衆国内では，4つの要素（牛の種類，成熟度，霜降りの入り具合，性別）を8等級に格付けしている．現在は「プライム」，「チョイス」，「セレクト」といわれる3種類が輸入されている．その内「プライム」はいわゆるサシも入っておりアメリカンビーフの最上級といわれている．近年では和牛の研究も進み，日本のA-5，B-5規格にも迫ってきている．

一方で，健康志向の高まりから，脂肪の少ない赤味肉を中心に輸入牛肉への関心も高く，チルドビーフ，フローズンビーフ，エイジドビーフなど冷蔵・冷凍技術の進歩によりさまざまな形態の牛肉が輸入されている．

9.2.2 輸入豚肉

平成27年度（2015年）における豚肉需給量のうち輸入量は82万5,617トンであり，10年前の平成17年度（2005年）の87万9,168トンと年度により増減はあるが，ほぼ80万トン前後で推移している．

輸入形態の内訳は，平成27年度の生鮮，冷蔵品では34万923トンで，平成17年の21万6,559トンから増加しているが，冷凍肉は平成27年度は48万4,657トンであり，平成17年度の66万2,487トンから18万トン近く減少している．冷凍品は主に加工用原料に使用されており加工原料以外の国産テーブルミートと競合する冷蔵豚肉の輸入は，近年の冷蔵流通技術の進歩により増えている．

平成27年度の国別の輸入先をみると，アメリカ，カナダ，デンマーク，メキシコ，チリの5ヵ国の輸入量が多く，アメリカの26万5,755トン，カナダの16万9,575トン，デンマークが11万6,135トンとなっている．

豚肉の場合，生鮮・冷蔵肉の輸入国と冷凍品の輸入国で偏りがあり，チリやデンマークからは，ほぼ冷凍品のみの輸入であるが，アメリカやカナダは生鮮・冷蔵品が冷凍品よりも多い．また，その他の国にはスペインからの冷凍品なども含まれている．

9.2.3　輸入鶏肉

平成27年度（2015年）における鶏肉需給量のうち輸入量は55万892トンであり，10年前の平成17年度（2005年）の43万3,451トンと年度により増減はあるものの暫増傾向にある．

平成27年度の国別の輸入先をみると，ブラジルからの輸入量が42万5,930トンと最も多く，次いでタイから9万6,221トン，アメリカから2万2,755トンとなっている．平成16年に発生した鶏インフルエンザの影響でタイからの輸入は減少し，平成20年度（2008年）から24年度（2012年）までは輸入が止まっていたが，平成25年（2013年）から輸入が再開した．

中国からの輸入は人件費や輸送コストなどの条件の有利性と日本の需要に合った商品開発も可能になって，多く輸入されていたが，鳥インフルエンザとその後に起きた中国産冷凍ギョーザの偽装問題が引き金となり，中国製品への不信感，国産品の安全安心への回帰，ブラジル産，タイ産などへの輸入国の変更により中

表 9.3 豚肉需給表

年度	推定期首在庫		生産量		輸入量		輸出量		推定期末在庫	
平成	トン	前年比%	トン	前年比%	トン	前年比%	トン	前年比%	トン	前年比%
17	177,176	117.4	869,626	98.4	879,168	101.9	44	478.2	209,587	118.3
18	209,587	118.3	874,289	100.5	736,964	83.8	60	135.7	185,084	88.3
19	185,084	88.3	872,592	99.8	754,593	102.4	104	173.6	170,547	92.1
20	170,547	92.1	882,168	101.1	815,063	108.0	280	269.5	194,136	113.8
21	194,136	113.8	922,568	104.6	691,928	84.9	114	40.5	171,779	88.5
22	171,779	88.5	894,685	97.0	768,138	111.0	154	135.0	173,916	101.2
23	173,916	101.2	894,222	99.9	803,008	104.5	155	101.2	182,825	105.1
24	182,825	105.1	906,829	101.4	759,778	94.6	184	118.4	174,560	95.5
25	174,560	95.5	917,458	101.2	744,271	98.0	283	154.0	162,291	93.0
26	162,291	93.0	874,919	95.4	816,218	109.7	413	145.8	178,594	110.0
27	178,594	110.0	887,601	101.4	825,617	101.2	450	108.9	169,380	94.8

農林水産省「食肉流通統計」，財務省「貿易統計」，在庫量は（独）農畜産業振興機構調べ
注：部分肉ベース．輸入量にはくず肉を含む

輸入品在庫		国産品在庫		推定出回り量		うち輸入品		うち国産品	
トン	前年比 %	トン	前年比 %	トン	前年比 %	トン	前年比 %	トン	前年比 %
187,613	116.9	21,974	131.3	1,716,339	99.8	852,000	102.1	864,339	97.6
167,851	89.5	17,233	78.4	1,635,696	95.3	756,726	88.8	878,970	101.7
158,553	94.5	11,994	69.6	1,641,618	100.4	763,891	100.9	877,727	99.9
166,280	104.9	27,856	232.2	1,673,362	101.9	807,336	105.7	866,025	98.7
141,857	85.3	29,922	107.4	1,636,739	97.8	716,351	88.7	920,388	106.3
148,634	104.8	25,282	84.5	1,660,532	101.5	761,361	106.3	899,171	97.7
161,532	108.7	21,293	84.2	1,688,166	101.7	790,110	103.8	898,056	99.9
151,129	93.6	23,431	110.0	1,674,687	99.2	770,181	97.5	904,507	100.7
140,433	92.9	21,858	93.3	1,673,714	99.9	754,967	98.0	918,747	101.6
161,927	115.3	16,667	76.3	1,674,421	100.0	794,724	105.3	879,697	95.7
153,428	94.8	15,952	95.7	1,721,982	102.8	834,116	105.0	887,866	100.9

表 9.4　豚肉の国別輸入量

年度	アメリカ						カナダ					
	生鮮・冷蔵		冷凍		計		生鮮・冷蔵		冷凍		計	
平成	トン	前年比%	トン	前年比%	トン	前年比%	トン	前年比%	トン	前年比%	トン	前年比%
17	156,353	116.7	135,356	109.8	291,771	113.4	46,981	121.1	141,601	94.6	188,582	100.0
18	153,925	98.4	107,109	79.1	261,106	89.5	55,785	118.7	99,353	70.2	155,208	82.3
19	163,253	106.1	114,764	107.1	278,050	106.5	59,724	107.1	105,681	106.4	165,405	106.6
20	195,019	119.5	146,968	128.1	342,074	123.0	63,229	105.9	114,605	108.4	177,834	107.5
21	162,167	83.2	113,100	77.0	275,268	80.5	52,282	82.7	121,903	106.4	174,221	98.0
22	170,558	105.2	138,620	122.6	309,178	112.3	55,891	106.9	119,835	98.3	175,803	100.9
23	184,459	108.2	145,074	104.7	329,533	106.6	64,066	114.6	110,136	91.9	174,348	99.2
24	182,219	98.8	117,793	81.2	300,012	91.0	70,772	110.5	94,678	86.0	165,475	94.9
25	203,047	111.4	72,067	61.2	275,114	91.7	93,947	132.7	48,173	50.9	142,120	85.9
26	175,425	86.4	92,665	128.6	268,091	97.4	103,929	110.6	46,681	96.9	150,610	106.0
27	202,309	115.3	63,446	68.5	265,755	99.1	126,113	121.3	43,445	93.1	169,575	112.6

年度	チリ						その他					
	生鮮・冷蔵		冷凍		計		生鮮・冷蔵		冷凍		計	
平成	トン	前年比%	トン	前年比%	トン	前年比%	トン	前年比%	トン	前年比%	トン	前年比%
17	1	—	57,472	139.3	57,524	139.3	1,918	32.4	74,236	102.4	76,164	97.1
18	24	—	50,173	87.3	50,232	87.3	1,678	87.5	61,007	82.2	62,702	82.3
19	29	123.3	44,042	87.8	44,091	87.8	769	45.8	64,398	105.6	65,180	104.0
20	—	—	19,985	45.4	19,993	45.3	517	67.2	63,974	99.3	64,501	99.0
21	—	—	25,298	126.6	25,315	126.6	313	60.6	50,704	79.3	51,033	79.1
22	11	—	24,441	96.6	24,469	96.7	214	68.4	86,027	169.7	86,270	169.0
23	32	279.6	29,345	120.1	29,401	120.2	260	121.3	94,998	110.4	95,271	110.4
24	10	32.8	28,956	98.7	28,999	98.6	226	87.0	103,775	109.2	104,013	109.2
25	—	—	30,219	104.4	30,229	104.2	112	49.4	117,101	112.8	117,230	112.7
26	—	—	23,617	78.2	23,617	78.1	67	59.5	182,480	155.8	182,565	155.7
27	—	—	25,059	106.1	25,059	106.1	41	62.0	178,543	97.8	178,603	97.8

財務省「貿易統計

注 1：部分肉換算した数値である（※ 1）

2：くず肉を含む（※ 2）

年度	メキシコ						デンマーク					
	生鮮・冷蔵		冷凍		計		生鮮・冷蔵		冷凍		計	
平成	トン	前年比%	トン	前年比%	トン	前年比%	トン	前年比%	トン	前年比%	トン	前年比%
17	11,048	116.9	27,367	121.8	38,416	120.1	257	90.8	226,455	85.5	226,712	85.6
18	12,806	115.9	28,364	103.6	41,200	107.2	114	44.5	166,401	73.5	166,515	73.4
19	14,847	115.9	35,472	125.1	50,320	122.1	81	71.0	151,465	91.0	151,546	91.0
20	14,564	98.1	43,216	121.8	57,783	114.8	27	33.1	152,851	100.9	152,878	100.9
21	9,648	66.2	28,512	66.0	38,162	66.0	—	—	127,930	83.7	127,930	83.7
22	9,249	95.9	30,426	106.7	39,677	104.0	72	—	132,669	103.7	132,741	103.8
23	9,163	99.1	34,151	112.2	43,323	109.2	24	33.4	131,109	98.8	131,133	98.8
24	8,525	93.0	37,697	110.4	46,222	106.7	—	—	115,057	87.8	115,057	87.7
25	8,686	101.9	53,894	143.0	62,580	135.4	—	—	116,999	101.7	116,999	101.7
26	12,595	145.0	51,584	95.7	64,181	102.6	2	—	127,152	108.7	127,154	108.7
27	12,436	98.7	58,053	112.5	70,489	109.8	24	—	116,111	91.3	116,135	91.3

年度	合計					
	生鮮・冷蔵		冷凍		計	
平成	トン	前年比%	トン	前年比%	トン	前年比%
17	216,559	114.9	662,487	98.3	879,168	101.9
18	224,332	103.6	512,407	77.3	736,964	83.8
19	238,703	106.4	515,823	100.7	754,593	102.4
20	273,356	114.5	541,598	105.0	815,063	108.0
21	224,411	82.1	467,448	86.3	691,928	84.9
22	235,995	105.2	532,018	113.8	768,138	111.0
23	258,004	109.3	544,813	102.4	803,008	104.5
24	261,753	101.5	497,956	91.4	759,778	94.6
25	305,792	116.8	438,452	88.1	744,271	98.0
26	292,018	95.5	524,179	119.6	816,218	109.7
27	340,923	116.7	484,657	92.5	825,617	101.2

表 9.5　鶏肉需給表

年度	推定期首在庫		生産量		輸入量		推定期末在庫	
平成	トン	前年比 %	トン	前年比 %	トン	前年比 %	トン	前年比 %
17	90,039	96.9	1,292,981	104.2	433,451	118.7	140,687	156.3
18	140,687	156.3	1,364,413	105.5	339,889	78.4	117,390	83.4
19	117,390	83.4	1,362,327	99.8	361,733	106.4	112,518	95.8
20	112,518	95.8	1,375,258	100.9	419,964	116.1	154,195	137.0
21	154,195	137.0	1,398,635	101.7	342,958	81.7	109,643	71.1
22	109,643	71.1	1,386,301	99.1	431,195	125.7	106,385	97.0
23	106,385	97.0	1,394,919	100.6	475,334	110.2	147,844	139.0
24	147,844	139.0	1,461,505	104.8	422,898	89.0	137,903	93.3
25	137,903	93.3	1,471,593	100.7	405,645	95.9	100,045	72.5
26	100,045	72.5	1,501,849	102.1	498,654	122.9	117,368	117.3
27	117,368	117.3	1,530,785	101.9	550,892	110.5	156,444	133.3

農林水産省推計（22 年 2 月をもって公表終了），「食鳥流通統計」，財務省「貿易統計」，

注 1：生産量は骨付き肉ベース

2：成鶏肉を含む

3：輸入量には鶏肉以外の家きん肉を含まない

				推定出回り量					
輸入品在庫		国産品在庫				うち輸入品		うち国産品	
トン	前年比 %	トン	前年比 %	トン	前年比 %	トン	前年比 %	トン	前年比 %
118,506	165.8	22,181	119.5	1,675,784	104.1	386,427	106.2	1,289,357	103.5
91,234	77.0	26,156	117.9	1,727,599	103.1	367,161	95.0	1,360,438	105.5
93,731	102.7	18,787	71.8	1,728,932	100.1	359,236	97.8	1,369,696	100.7
121,078	129.2	33,117	176.3	1,752,905	101.4	392,617	109.3	1,360,287	99.3
82,496	68.1	27,147	82.0	1,786,145	101.9	381,540	97.2	1,404,605	103.3
79,647	96.5	26,738	98.5	1,820,754	101.9	434,044	113.8	1,386,710	98.7
114,363	143.6	33,481	125.2	1,828,794	100.4	440,618	101.5	1,388,176	100.1
107,629	94.1	30,274	90.4	1,894,344	103.6	429,632	97.5	1,464,712	105.5
77,605	72.1	22,440	74.1	1,915,096	101.1	435,669	101.4	1,479,427	101.0
99,985	128.8	17,383	77.5	1,984,547	103.6	476,274	109.3	1,508,273	101.9
133,269	133.3	23,175	133.3	2,042,601	103.0	517,608	108.7	1,524,993	101.2

生産量（22年3月以降）および在庫量は（独）農畜産業振興機構推計

表 9.6　ブロイラーの国別輸入量

年度	中国		アメリカ		タイ		ブラジル	
平成	トン	前年比%	トン	前年比%	トン	前年比%	トン	前年比%
17	780	84.3	28,370	89.9	54	78.5	394,325	122.0
18	426	54.7	26,894	94.8	11	20.6	308,432	78.2
19	109	25.5	23,242	86.4	3	25.7	333,433	108.1
20	127	117.1	21,756	93.6	—	—	392,106	117.6
21	117	92.4	22,676	104.2	—	—	315,202	80.4
22	192	163.7	35,450	156.3	—	—	389,105	123.4
23	174	90.3	43,469	122.6	—	—	418,496	107.6
24	122	70.1	26,973	62.1	—	—	388,898	92.9
25	93	76.6	23,663	87.7	835	—	376,199	96.7
26	67	71.6	24,746	104.6	62,889	—	406,156	108.0
27	12	17.4	22,755	92.0	96,221	153.0	425,930	104.9

財務省「貿易統計」

年度	その他		計			
					うち（生鮮・冷蔵）	
平成	トン	前年比%	トン	前年比%	トン	前年比%
17	9,923	104.8	433,451	118.7	183	179.0
18	4,126	41.6	339,889	78.4	5	2.6
19	4,946	119.9	361,733	106.4	16	325.1
20	5,975	120.8	419,964	116.1	4	25.4
21	4,963	83.1	342,958	81.7	4	108.8
22	6,447	129.9	431,195	125.7	6	134.4
23	13,196	204.7	475,334	110.2	10	174.0
24	6,905	52.3	422,898	89.0	10	103.6
25	4,854	70.3	405,645	95.9	15	139.4
26	4,797	98.8	498,654	122.9	12	79.5
27	5,975	124.6	550,892	110.5	11	94.1

国産輸入量は減少した．平成 16 年度（2004 年）以降は数百トンと大きく減少し，現在でも非常に少ない．しかし，加熱調理，味つけした製品や半加工品などの鶏肉調製品は，焼きとり，チキンナゲット，から揚げなどとして輸入されている．

9.3　TPP（環太平洋パートナーシップ協定）のゆくえ

農林水産省は，TPP が発効したことを踏まえて畜産物や乳製品などへの影響について見解を示した．その中で，牛肉と豚肉の一部や乳製品では長期的には価格が下落する可能性があるとしている．

9.3.1　牛肉と TPP

牛肉は現在の 38.5% の関税を協定発効時に 27.5% の関税にし，その後は段階的に引き下げて 16 年目には 9% とする．そのため，国内産の和牛や交雑種の価格帯は輸入品と差別化が図れるものの，乳用去勢牛は輸入品と競合することから価格が下落する可能性がある．その結果，高級和牛と輸入牛肉との 2 極化が進むと考察している．

しかし，乳用去勢牛の価格下落は国内牛肉生産や酪農経営にも深刻な影響が及ぶことが予想される．また一定の輸入量を超えれば関税を引き上げる「セーフガード」という制度を導入することで，国内の生産者への影響を最小限に抑えるとしている．牛肉のセーフガードは，協定の発効 1 年目には最近の輸入実績から10%増えた場合に関税を現在の水準である38.5%まで戻し，関税の引き上げ幅は段階的に縮小し，15年目以降，18%にするとしている．その後，4年間セーフガードの発動がなかった場合は廃止する．

9.3.2　豚肉とTPP

豚肉は，安価な肉にかけている関税を段階的に引き下げるが，国産品と競合する安い豚肉ほど関税を高くする，今の差額関税制度を維持することや，中国など海外で豚肉の需要が伸びているので，他の輸入国との買い付け競争が激しくなる可能性がある．そのため，当面は輸入の急増はないものの，関税の引き下げに伴って，価格の安い豚肉の輸入が増えれば，国内産の価格が下落する可能性もあるとしている．しかし，実態は安価な部位と高価な部位を混合し税率を低くして輸入している場合が多く，高価な部位の輸入がさらに増加していると言われ，生産農家の経営を圧迫する可能性もある．

日本の養豚の生産性は非常に高いものの，飼料のほとんどを輸入に頼っていることや，種豚を海外の種畜企業に依存しているため，日本独自の豚の生産手法で付加価値を付けることは牛以上に厳しいかもしれない．「品種」も「飼料」も海外に依存しているのであれば，日本国内で同じ品種と飼料で飼育した豚肉であっても，消費者は安価な輸入品を購入することは十分考えられる．

消費者に国産豚肉の購買意欲を高めるためには，何らかの方法で差別化を図る必要がある．そのためには国産＝安全のイメージだけでなく,「飼料内容・飼育方法」に工夫を凝らした「ブランド豚」「銘柄豚」の確立が大切になる.

9.3.3　鶏肉とTPP

鶏肉は, TPP参加国からの輸入量が少なく, 輸入品は大部分が冷凍骨付きもも肉や, 加工食品などに限定されていることから, 国内産との競合はほとんどなく, 影響は限定的だとしている. しかし, 関税の撤廃によって日本以外に輸出していた国が日本向けに輸出を増やしたり, 品質を向上させたりした場合, 長期的には国内産の価格が下落する可能性もあるとしている.

9.3.4　今後の食肉輸入品と国産肉

今後の食肉輸入品は一層増加してくると考えられる. 平成29年（2017年）現在でのTPPの情勢は不透明であるが, アメリカを除く11カ国での交渉は進んでいる. 牛肉に限らず豚肉と鶏肉の価格形成や需給体制の変化が起きることが予想される. また, TPPが廃案になった場合は, それぞれの2国間交渉に委ねられ, 特にアメリカとの交渉はTPPの基本合意を基に進めるが非常に厳しい場面も予想される.

飼料の大部分を海外に依存し, しかも畜産公害に対処するなど厳しい生産環境の中にあって, 消費者が求める新鮮で安全かつ高品質の食肉の供給を行うためには, 国内での生産を推進することは重要である. このためにも, 生産性の向上を図りつつ, 国産肉の高品質の優位性を活用することを通じ, 長期見通しに示された方向に沿って，可能な限り国内生産の維持・拡大を図っていくことが重要であろう．

参考文献

1) 食料・農業・農村白書 平成27年度版　概要　農林水産省（2015）
2) TPP交渉　農林水産分野の大筋合意の概要（追加資料）　農林水産省（2015）
3) 全農日本の食料を考える2013　シリーズ第5回「農産物の流通の現状」（その3食肉と鶏卵の流れ）（2013）
4) いまさら聞けないTPP基本がわかる19のカード，NHK NEWS Web（2015）

10.　食肉の安全

10.1　はじめに

近年食肉製品の安全安心への関心は高く，平成13年（2001年）に発生したBSE（牛海綿状脳症）問題を発端に，平成15年（2003年）7月には「食品安全基本法」が制定された．また，平成22年(2010年）に発生した口蹄疫や鳥インフルエンザ病対策としては家畜飼育方法のみならず，流通販売，さらには輸入肉の取り扱いを含めた，食肉および食肉製品全体に対する総合的な衛生対策が求められている．

10.2　飼育段階での衛生管理（家畜飼養衛生）

畜産分野ではBSEの発生，牛乳食中毒事件，無許可添加物の使用，原産地の偽装表示等の痛烈な反省から，家畜の飼養段階での衛生管理の改善や伝染性疾病の汚染の低減を図る必要が求められている．

そこで，特定の家畜（牛，豚および鶏）の飼養にかかわる衛生管理について10項目にわたり，飼育者が守るべき飼養衛生管理基準を定め，その基準の遵守を次のように義務付けている．

1）　畜舎及び器具の清掃消毒は定期的に実施する
2）　畜舎へ出入りする時は，作業着，靴，手指などの消毒を行う
3）　飼料や飲み水に，家畜や他の野生動物の排泄物の混入防止策を行う
4）　他の場所から導入した家畜は，その家畜に異常のないことを確認できるまで隔離する
5）　他の農場に立ち入った人間や車両が不用意に立ち入らないように制限し，農場に出入りする場合は消毒を行う
6）　害虫や野生動物の侵入防止のために，畜舎に破損がある場合は直ちに修理し，窓や出入り口には防虫・防鳥ネットを張るなどの対策を行う
7）　飼育家畜を農場外に搬出することで，伝染性疾病の拡散を避けるために，健康状態を常に把握する
8）　健康異常を早期に発見するために，健康管理に努め，異常が認められたときは獣医師の診断・治療または指導を受ける
9）　過密で劣悪な環境下での家畜の飼育は避ける
10）　飼育者は伝染性疾病の発生予防に関する知識の習得に努める

都道府県知事は家畜の所有者がこの家畜飼養衛生基準を遵守していないと認めた場合，その者に対して衛生管理の改善勧告を行うことができ，勧告を受けた者がこれに従わないときは，改善措置を取るよう命じることができる.

このように飼養衛生管理の徹底は生産者段階での取組みであると同時に，食肉の安全性を確保するための最初の一歩となる．

10.3　生産者における HACCP の取り組み

家畜を飼養するに当たって適切な衛生管理を行うことは，家畜の伝染病の発生予防・まん延防止だけでなく，畜産物の安全性確保の観点からも重要である．

このため，農林水産省では，家畜の所有者が遵守すべき飼養衛生管理基準の普及・啓発に努めるとともに，畜産農場における危害要因分析・重点管理点 HACCP（Hazard Analysis Critical Control Point：危害分析重要管理点）の考え方を採り入れた飼養衛生管理（農場 HACCP）を推進し，畜種ごとの作業工程や管理方法を示した「家畜の生産段階における衛生管理ガイドライン」を策定し，

1)　健康な素家畜および飼料の導入と確保
2)　家畜は清潔かつ衛生的な環境下で飼育し，危害の汚染防止を行う
3)　飼育，出荷時の家畜および畜産物の取り扱いは HACCP の導入手順により特定病原微生物を制御し，一定レベル以下までに低下させる

などが示されている．しかし，畜産農家では家畜の成長ステージを経て最終畜産物が生産されるために，生産工程の期間が長くなり，衛生管理を継続遵守することが難しくなる．そこで，一般的な食品の製造・加工で行われている HACCP に基づく衛生管理に

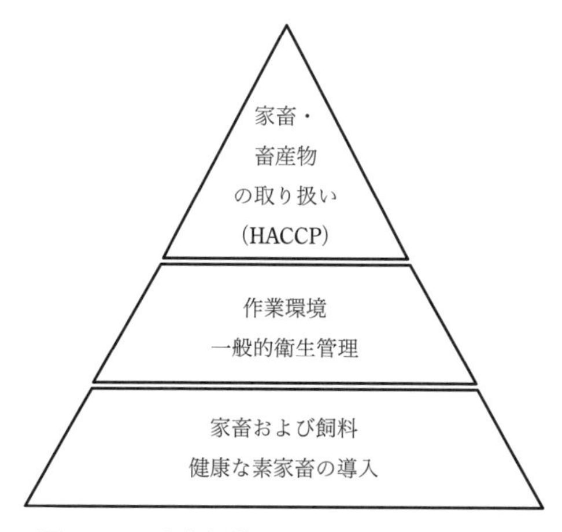

図 10.1　生産段階での HACCP のイメージ

ならい，各工程に沿って作業手順（管理方法）を定めることになった．

最初に，①施設・設備の配置と構造，②製品の原材料，③保管設備，④施設・設備及び機械器具類の洗浄殺菌とその維持管理，⑤使用水の管理，⑥衛生害獣（ネズミ類）・昆虫対策，⑦従業員の衛生・健康管理と教育，についての事項を一般的衛生管理マニュアルとして実行することが，効率的に進める上で重要となる．そのためには，それぞれの役割に携わる関係者の自助努力と責任において安全性の確保を行う必要がある．

安全性の確保の観点から，各生産段階に携わる関係者が同一の衛生基準に基づき実施することが肝要で，一般的衛生管理プログラムと呼ばれている．これは，アメリカの GMP（適性製造基準）を規範としており，食品製造・加工における前提条件とされている.

10.4 畜産物加工の衛生管理（フードチェーン）

畜産物による健康被害を防止するには，生産段階での家畜飼養衛生対策に始まり，消費者の食卓に届く公衆衛生対策までの，一貫した流通経路の衛生管理（フードチェーン・アプローチ）が必要になる.

フードチェーン・アプローチは，最終製品の品質管理だけでなく，生産準備段階，農地や水の管理，作物や家畜（家畜飼料を含む）の生産，ポストハーベストの手法，貯蔵，加工，流通経路を経て，消費者までの販売に至る流通経路の全体を対象にしている.食品の安全性をおびやかす要因を排除して安全性を確保し，食品の品質を劣化させない技術を導入して栄養価値を確保するものである．この考えは，HACCP に共通しているもので，生産・流通過程の衛生管理上重要な工程について管理基準を設定し，生産・流通工程を常時モニタリングすることによって，基準を逸脱した生産・流通の行われた製品を排除する管理方式である.

フードチェーン・アプローチでは，この他にもトレーサビリティの導入，学校での教育，消費者教育，普及活動，農業従事者への PR なども重要な手段として位置づけている.

そのために農林水産省では，生産と製造各段階での HACCP 導入の支援策として，指導者の養成や設備整備支援を講じている.厚生労働省では食品衛生法による監視・規制や HACCP の考え方に沿って策定した，食品の安全管理の認証制度である「総合衛生管理製造過程」の承認などを行い，生産から製造流通までの安全管理に取組んでおり，最終的に消費者への適切な保管方法，調理法などの情報提供と啓蒙を行っている．

10.5 食肉の検査

食用に供する目的で家畜（牛・馬・豚・羊・山羊）をと畜解体する場所を，「と畜場」と呼び，特例を除きそれ以外の場所で，家畜をと畜解体することはできない．さらにと体は一頭ごとにと畜検査員（獣医師）により，と畜検査実施要領に基づいた検査を受ける．これは家畜伝染病予防法に規定する伝染病や厚生労働省令で定めた，人と家畜との共通の感染症が，食肉を通して健康被害を生じることを未然に防止するためである．

食鳥（鶏・あひる・七面鳥）については，平成2年（1990年）に食鳥検査制度（食鳥処理事業の規則及び食鳥検査に関する法律）が施行され，食鳥処理衛生管理者の資格をもった検査員が各処理場に常駐して，①生きたままの状態 ②羽を取った状態 ③内臓を摘出した状態の3段階で検査を行い，検査不合格のものは廃棄処分にし，合格したものだけが出荷される 。

10.6 BSE（牛海綿状脳症）問題

平成13年（2001年），わが国で初めてBSE（牛海綿状脳症）が確認され，安全な牛肉の生産と供給，国民の健康保護，肉牛農家，酪農家の健全な発展のため，平成14年（2002年）に牛海綿状脳症対策特別措置法（BSE特措法）が制定された．

①と畜場での特定部位の除去（全月齢の牛の扁桃，回腸遠位部，30ヵ月齢の牛の頭部（舌，頬部を除く），脊髄）

②スクリーニング検査

③家畜肉骨粉の利用禁止，海外からの輸入禁止

④農場で死亡した牛の届出とBSE検査などの措置

が講じられた．食品安全委員会が平成17年（2005年）5月に「20カ月以下の牛の感染リスクは低い」と答申したのを受け，省令を改正して検査対象を21カ月以上に限定した．その後，平成25年（2013年）4月には「30ヵ月齢超」へと引き上げ，さらに，同年7月1日からは「48ヵ月齢超」を対象とした検査体制になった．なお，食品安全委員会の答申をうけて，平成29年（2017年）4月からはと畜場における健康牛のBSE検査は廃止された．

毎年120万頭余りの検査を実施しており，平成20年（2008年）に80ヵ月齢超の牛に感染が確認されたのを最後に，いずれの月齢の牛にも感染の確認は認められていない．また，輸入牛肉のBSE対策として，日本ではBSE発生国からの牛肉・牛肉製品の輸入を禁止している．平成15年（2003年）に輸入禁止措置をとったアメリカおよびカナダについては，食品安全委員会のリスク評価に基づき，平成17年（2005年）12月に20ヵ月齢以下の牛の証明書があることを条件に輸入を再開しており，平成25年（2013年）2月から，アメリカ産については30ヵ月齢未満，カナダ・フ

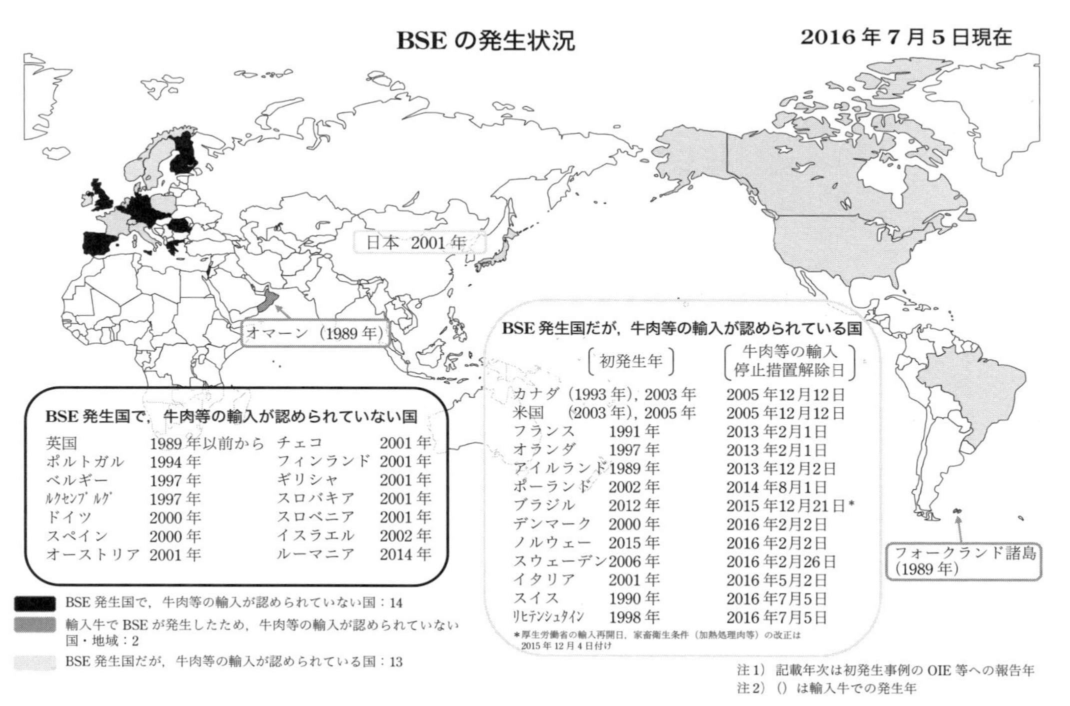

図 10.2　BSE 発生により，現在牛肉輸入国と認められていない国
農林水産省 HP　海外における BSE 発生状況地図

ランス産については30ヵ月齢以下，オランダ産については12ヵ月齢以下のもの（平成27年6月からは「30ヵ月齢以下」に変更）の輸入を再開した．そして，国内と同様に特定危険部位（SRM）の対象としては30ヵ月齢以下の「頭部（扁桃以外）」「脊髄」「脊柱」の除外を条件に輸入を認めている．

さらに，平成25年（2013年）12月からはアイルランド産の30ヵ月齢以下のもの，平成26年（2014年）8月からはポーランド産の30ヵ月齢以下のものの輸入を再開している．

平成28年（2016年）7月現在で輸入が認められていない国・地域は16ヵ国であり，図10.2に示す通りである．

10.7 牛のトレーサビリティ制度

10.7.1 トレーサビリティ制度の施行

食品の安全性に関して消費者の関心は極めて高く，安全な食品を提供するためには，生産段階から販売段階までに徹底した衛生管理を行うなどの不断の努力が必要である．そのために食品の生産・製造から流通面での透明性の確保が重要になっている．

近年，BSE問題のみならず食肉の安全性を脅かす問題が相次いで発生し，食肉の安全性に対する国民の関心が高まっていることに加え，世界中からの食肉の調達，新たな技術の開発など，国民の食生活を取り巻く情勢の変化に的確に対応するために，「牛の個体識別のための情報の管理及び伝達に関する特別措置法」

（牛肉トレーサビリティ法）が，平成15年（2003年）に施行された．

牛肉のトレーサビリティ制度は，BSEのまん延防止措置の的確な実施のため，畜産およびその関連産業と消費者の利益を図るために，生産者段階で平成15年から，流通段階で平成16年から施行された．牛を10桁の個体識別番号により一元管理を行い，生産から流通・消費の各段階において個体識別番号を正確に伝達することで，消費者に対して個体識別情報の提供を促進して

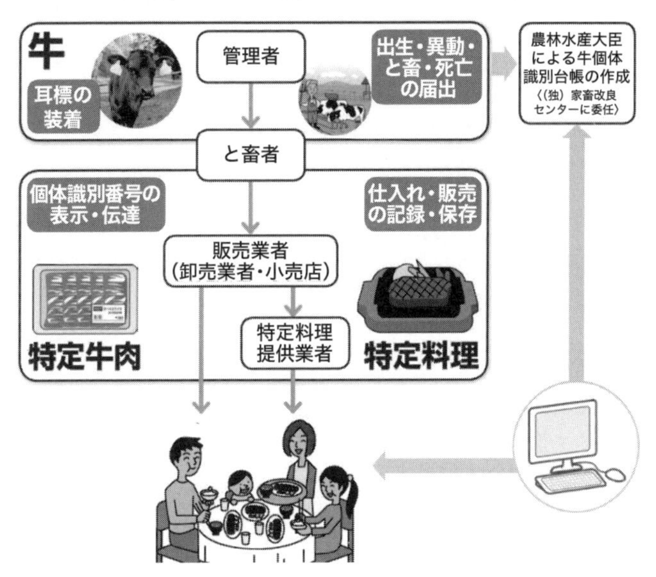

図10.3　牛のトレーサビリティ制度
農林水産省HP

いる．

図 10.3 に示すように実施にあたっては（独立行政法人）家畜改良センターが一元管理を行っており，生産者から食肉市場，卸売業，小売店まで正確にかつ迅速に家畜情報を知ることが可能となった．

10.7.2　耳標装着

国内で飼養されるすべての牛（輸入牛を含む）に，10 桁の個体識別番号が印字された耳標を装着する．

牛の生産履歴のデータベース化個体識別番号によって，その牛の性別や種別（黒毛和種など）に加え，出生から，と畜・死亡までの飼養地などがデータベースに記録される．

1)　個体識別番号の表示と記録

牛がと畜され食肉となってからは，枝肉，部分肉，精肉と加工され流通していく過程で，その取引に関わる販売業者などにより，個体識別番号が表示され，仕入れ・販売相手などが帳簿に記録・保存される．

2)　追跡・遡及可能

これにより，国産牛肉について，牛の出生から消費者に供給されるまでの間の生産流通履歴情報の把握（トレーサビリティ）が可能となっている．また，消費者が購入した牛肉に表示されている個体識別番号により，インターネットを通じて，牛の生産履歴を調べることも可能になっている．

10.8　食肉および食肉製品の安全性

現在，食肉には「消費期限」表示，食肉加工品には「賞味期限」表示が義務付けられている．加工品については業界団体で期限表示の試験方法のガイドラインが示されている．検査項目の一つである官能検査では製品に対する知識を持ち，味覚に対する識別能力を併せ持つ，選定された複数の人が外観の状態，色調，肉質，香り，味などを判定する．さらに大腸菌，黄色ブドウ球菌，サルモネラ菌，クロストリジウム属菌など，製品の特性に応じた微生物検査を行っている．

具体的には

①販売している形態と同一製品を検査個数分準備

②製造日を起点として製品表示と同じ保存方法で保管する

③決まった日数ごとに検査を行い，異常が確認された時の前の検査で正常だった日を可食可能な日と判定する．例えば保存55日目で異常があったが，その前の検査日50日目は正常であったときは50日までを可食可能と判定する

④可食可能日数に安全係数（0.8）をかけた日数を賞味期限と決める．先の例では可食可能日数50日×安全係数0.8＝賞味期限日数40日と表示される．

平成23年（2011年）4月に，牛肉のユッケによる腸管出血性大腸菌（O157，O111など）を原因とする食中毒事件が発生したことから，生食用食肉牛肉の規格基準（成分規格，加工基準，保存基準，調理基準）を平成23年9月に定めた．さらに安全性を確保するに

は生食禁止以外に方法がないとし，平成24年（2012年）7月から牛レバーの生食としての販売・提供が禁止された．今後，研究などが進み，安全に食べられる方法が見つかれば，この規制の見直しを検討されるとしている．

一方で牛肉や牛レバーの規制が行われた結果，豚の生レバーを提供する店が増加した．しかし，豚の生レバーは，サルモネラ属菌，カンピロバクター，E型肝炎等による食中毒の危険性が高く，豚肉による有鉤条虫，旋毛虫等の寄生虫感染も報告されている． 過去にも豚の生レバーが原因と考えられる食中毒が発生している．特にE型肝炎は劇症化し死にいたることもあり，妊婦ではその危険性が高いことが知られている．

このため，豚肉についても規格基準が定められ，平成27年（2015年）6月から豚の食肉（内臓を含む）の生食用としての販売が法律で禁止になった．さらに飲食店などでは，生食用としては提供せず，しっかりと加熱を行う必要があり，客が加熱する場合は店側が客に，中心部までよく加熱するよう伝えなければならない．なお，牛，豚だけでなく鶏やイノシシ・シカの肉および内臓を生で食べることでも食中毒が発生しているので，生肉はしっかり加熱してから食べることが必要である．

腸管出血性大腸菌O157やサルモネラ菌などの病原菌は，加熱することで完全に死滅するので，通常の調理方法であれば特に不安になることはない．さらに，はし，まな板，包丁，トングなどの調理器具の使い分けやそれらの洗浄，殺菌も心がけることが大切である．

表 10.1　食肉製品の成分規格と製造基準

<table>
<tr><th colspan="2">食肉加工品</th><th rowspan="2">製造時の
殺菌方法</th><th rowspan="2">水分
活性</th><th rowspan="2">保存
温度</th><th rowspan="2" colspan="2">微生物の規格</th></tr>
<tr><th>製品群</th><th>食品名</th></tr>
<tr><td>加熱
食肉製品</td><td>ロースハム・
ソーセージ
など</td><td>63℃，30 分
以上
(同等以上殺菌)</td><td>－</td><td>10℃
以下</td><td>E.coli
黄色ブドウ球菌
サルモネラ属菌</td><td>陰性
1000 個 /g
陰性</td></tr>
<tr><td rowspan="2">特定加熱
食肉製品</td><td rowspan="2">ロースト
ビーフなど</td><td rowspan="2">60℃、12 分
以上
(同等以上殺菌)</td><td>0.95
未満</td><td>10℃
以下</td><td rowspan="2">E.coli
黄色ブドウ球菌
クリストリジウム属菌
サルモネラ属菌</td><td rowspan="2">100 個 /g
1000 個 /g
1000 個 /g
陰性</td></tr>
<tr><td>0.95
以上</td><td>4℃
以下</td></tr>
<tr><td rowspan="2">非加熱
食肉製品</td><td rowspan="2">ラックス
ハムなど</td><td rowspan="2">低温でくん煙
または乾燥</td><td>0.95
未満</td><td>10℃
以下</td><td rowspan="2">E.coli
黄色ブドウ球菌
サルモネラ属菌</td><td rowspan="2">100 個 /g
1000 個 /g
陰性</td></tr>
<tr><td>0.95
以上</td><td>4℃
以下</td></tr>
<tr><td>乾燥
食肉製品</td><td>サラミ・ソー
セージ・ビー
フ ジ ャ ー
キーなど</td><td>低温でくん煙
または乾燥</td><td>0.87
未満</td><td>常温</td><td>E.coli</td><td>陰性</td></tr>
</table>

食品衛生法　食肉製品規格基準

注 1：食肉製品は、その 1 kg につき 0.07 g を超える量の亜硝酸根を含有するものであってはならない

注 2：表中以外に加圧加熱ソーセージ，セミドライソーセージなどの規格も定められている

第 5 章 5.3（p.82）で記述しているが，食肉製品にはそれぞれに成分規格，製造基準および保存基準が示されている．

10.9　熟 成 肉

アメリカから入ってきた手法で，死後硬直の解硬した枝肉ある

いはブロック肉をさらに30～50日ほど一定温度，湿度の元で静置したものを長期熟成肉と称している．日本ドライエイジング普及協会の考え方は「ドライエイジングビーフの生産方法は各事業者それぞれであるが，温度・湿度を一定に管理した熟成庫内で，空気の流れを活用して，表面を乾燥させ，一定期間以上管理することで肉を熟成させている」としている．今後業界としての統一された規格などが必要と思われる．

ある雑誌が行った調査では男性全世代で熟成肉が気になる食材として関心が高く，取り扱う店舗も増加している．しかし，流通業者からはドライエイジングの効果や，衛生面での安全性や衛生管理の科学的裏付けが必要である，との意見も多い．また，消費者側においても情報や知識が乏しく衛生問題のリスクにさらされている．

農林水産省では平成27年度（2015年）にJAS規格化委託事業として，ドライエイジングビーフについて，規格調査および規格化に向けた諸外国の状況と，国内での現状について論点整理を行っており，定義や原料肉の取扱い，熟成方法，食味検査法，表示などについて検討している．業界や国では，ドライエイジングビーフの需要は今後伸びるものと予想している．

10.10　食肉製品の表示

食品の表示は消費者が商品を選ぶ際の重要な情報となるので，正確な表示と記載が求められる．

従来，食肉の表示は，任意表示も含めてJAS法，食品衛生法，健康増進法（栄養表示など）があり，それぞれの行政機関によって規定されていた．その後，消費者庁の設立にともないJAS法，食品衛生法，健康増進法の規定が整理統合された．平成25年に食品表示法が交付され，平成27年（2015年）4月から施行されて，表示の一元化が図られた．経過措置期間を経て平成32年（2020年）には栄養表示も含めて義務化される予定である．

その他食肉にかかわる法律は計量法，景品表示法（不当景品類および不当表示防止法），牛トレーサビリティ法があり，それらを総合的にまとめた「食肉公正競争規約」が全国食肉公正取引協議会により作られ，義務化導入までの間，決められた通達，通知に従って行うことになっている．

10.10.1　食肉公正競争規約および施行規則の概要

食肉公正競争規約およびその施行規則の内容から一部を抜粋すると，

1）　規約で規制する食肉とは，食用に供される獣肉（海獣を除く）の生肉で，骨，臓器を含み，調味料，香辛料などで味付けした生肉は除く
2）　食肉の種類名は，決められた文字で表示することになっており，例えば牛は「牛」「牛肉」と漢字を用いなければならない
3）　量目と販売価格は100 gあたりで表示するのを原則とし，場合によって「一切れ○○円位」などと表示し，かつ100 g

当たりの価格を併記する
4) 輸入食肉にあってはその原産国を表示する
5) 冷凍した状態で仕入れた食肉は，「冷凍」または「フローズン」と表示する
6) 合いびき肉は，混合比率の多い順に食肉の種類を表示する
7) 店頭陳列の食肉は，表示カードを用いて，種類，部位を「牛もも肉」などと表示するが，食肉の性質上，部位の表示が困難な場合は，「豚小間切」「牛バター焼き用」など，形態または用途を表示する
8) 事前包装して売る場合は，表示が適正であっても過大な包装をしない
9) 特売の場合でも，自店通常価格以外の価格と比較して表示しない
10) 黒毛和種，褐毛和種，日本短角種，無角和種以外は，和牛の肉と表示できない
11) 産地，銘柄については，虚偽の表示をしてはいけない
12) この規約を制定する全国食肉公正取引協議会は，規約違反のあった事業者には違約金を科し，または除名処分などの措置をとることができる

具体的には，牛肉の小売店などで対面販売（計量販売）と事前包装された販売では表示方法が異なる．対面販売では表 10.2 の小売表示と，事前包装された食肉は表 10.3 の表示を明瞭に表示する必要がある．栄養表示なども義務ではないが，ポスターなど

表 10.2　食肉の対面販売での小売表示

表示カードの大きさ　縦 5.5 cm ×横 9 cm（名刺大）以上であること	
対面販売（計量販売）の食肉の必要表示事項	文字の大きさ
①食肉の種類・部位（商品名称）	42 ポイント以上
②原産地	
③量目（内容量）および販売価格（100 g あたりの単価）	
④冷凍および解凍品にあってはその表示	42 ポイント以上でなくてもよいが明瞭であること
⑤牛にあっては、個体識別番号（または荷口番号）	

お肉の表示ハンドブック 2015　全国食肉公正取引協議会

表 10.3　事前包装された食肉の小売表示

事前包装された食肉の小売表示事項	文字の大きさ
①　食肉の種類・部位（商品名称）	8 ポイント以上
②　原産地	
③　100g あたりの単価	
④　冷凍および解凍品にあってはその表示	
⑤　牛にあっては, 個体識別番号（または荷口番号）	
⑥　量目（内容量）	
⑦　販売価格	
⑧　消費期限または賞味期限および保存方法	
⑨　加工所（包装した所）の所在地	
⑩　加工者の氏名または名称	

お肉の表示ハンドブック 2015　全国食肉公正取引協議会

で表示するなどの工夫も大切である.

食肉加工品の場合は①食肉製品の名称 ②原材料名 ③内容量 ④消費期限または賞味期限および保存方法 ⑤製造者の氏名または

会社名は必ず記載することから「一括表示」と呼び，この一括表示以外に製品群名の記載も必要となる．

さらに，遺伝子組み換え食品の表示，アレルギー物質の表示も必要に応じて記載義務が生じる．またこれらの表示に当たっては文字の色，大きさなども規定されている．その他に容器包装リサイクル法，識別表示基準に定められた識別表示が必要になる．

参考文献

1)　食肉の知識　公益財団法人日本食肉協議会（2013）
2)　食肉加工製品の知識　公益財団法人日本食肉協議会（2013）
3)　平成 27 年度 JAS 規格化委託事業結果報告書　農林水産省 HP（2015）
4)　お肉の表示ハンドブック 2015　全国食肉公正取引協議会（2015）
5)　「食品安全基本法」 厚生労働省（2003）

11. 高齢者向け食肉製品

11.1 はじめに

21世紀に入り，日本は驚異的な速さで高齢化社会に向かっている．65歳以上の高齢者人口は，平成14年度（2002年）の2,363万人から平成24年度（2012年）の3,074万人へと，10年間で約1.3倍に増加し，今や4人に1人が65歳以上の高齢者となっている．

きちんと食事を摂らない，あるいは摂れないためにエネルギーや基本的な栄養成分などが不足して，体重の減少，食欲減退，だるい，歩けなくなるといった症状が起きてくる「低栄養」「栄養欠乏」状態に陥る高齢者も多い．

特に75歳以上の後期高齢者で注視すべきことは，「高齢による虚弱」と言われる「フレイルティ」と栄養との間で強い関連性のあることが指摘されている．自立した生活を持続するためには，フレイルティの症状である「加齢に伴う筋力低下・筋肉量の減少」に陥らないように，良質なタンパク質の摂取が必要であることから，厚生労働省の「日本人の食事摂取基準」では1日75g以上のタンパク質を摂取することを推奨している．

11.2 これからの食肉製品がめざすもの

高齢化が加速する中では，高齢者に対応した食品が求められる．日本介護食品協議会が提唱する「ユニバーサルデザインフード（UDF）」とは，日常の食事から介護食まで幅広く使うことができ，食べやすさに配慮した食品のことである．その種類は様々で，レトルト食品や冷凍食品などの調理加工食品をはじめ，飲み物や食事にとろみをつける「とろみ調整食品」などがある．ユニバーサルデザインフードのパッケージには，日本介護食品協議会が制定した規格に適合する商品にのみ，ロゴマークが記載されている（図 11.1）．さらに，どのメーカーの商品にも「かたさ」や「粘度」の規格により，分類された 4 つの区分が表示されているので，区分を目安に利用に適した商品を選ぶことができる．

一方，平成 26 年（2014 年）に農林水産省は新しい介護食品のあり方について検討会をもち，食べる機能の低下した人向けの食品だけではなく，低栄養予防，生活を快適にする食品という，生活の質（QOL：Quality of life）を意識した「スマイルケア食品」を提唱した．

図 11.1 ユニバーサルデザインフードのロゴマーク
日本介護食品協議会

平成 27 年（2015 年）の厚生労働省が公表した国民健康・栄養調査結果によると，1 人 1 日あたりの肉類の摂取量は 91.0g であり，その中で高齢者の肉類摂取量をみると 60 ～ 69 歳で

81.7g，70 歳以上で 61.6g，75 歳以上では 57.8g であった．平成 23 年の調査と比較すると，1 人 1 日あたりの肉類の摂取量は 83.6g であるが，高齢者の肉類摂取量は 60 〜 69 歳で 68.8g，70 歳以上で 52.1g，75 歳以上で 49.1g であった．この 4 年間で 1 人 1 日あたりの肉類の摂取量は 8.8％増であるが，高齢者の食肉摂取量は 18％前後も増加していることがわかる．このことからも，食肉は高齢者にとって，重要なタンパク源として認識されていることがうかがえる．

また，総務省の「家計調査報告」によると，全国 1 人あたりの食料費支出は，ほぼ横ばいで推移しているなかで，食肉の購入金額はいずれも前年を上回っていることから，食肉が他の食料品と比べて需要の落ちにくい食品であるといえる．食肉消費の形態として従来は，各家庭で生鮮肉を購入調理することが主流であった

表 11.1　家計消費（全国 1 人あたり）

年度	消費支出	食糧費	牛肉	豚肉	鶏肉	ハム	ソーセージ
平成	総額 円	金額 円	金額 円	金額 円	金額 円	金額 円	金額 円
23	1,106,962	285,333	6,014	7,996	4,268	1,840	2,320
24	1,127,010	286,948	6,033	7,778	4,121	1,832	2,299
25	1,155,498	296,421	6,440	8,393	4,465	1,863	2,382
26	1,141,339	301,967	7,045	9,319	4,867	1,919	2,491
27	1,138,243	314,215	7,136	9,951	5,142	1,931	2,467

総務省「家計調査」
注 1：1 世帯あたりの数値を当該月の世帯人数で除して算出
　2：金額は消費税を含む
　3：贈答用等自家消費以外のものを含む

が，最近では，牛肉，鶏肉を中心に外食等の消費が増加している．今後65歳以上のシニア世代のスマイルケア食品を支える食肉需要に向けた加工品開発が重要になる．

11.3　高齢者が陥りやすい栄養不良と低栄養予防

栄養不良とは，栄養過多による運動機能の低下や生活習慣病のリスク増大を招く「過栄養」「肥満」と，栄養不足による生体免疫機能の不調から体力低下（自立度の低下）を招き，運動機能が低下する「低栄養」「痩せ」の2種類が考えられる．高齢者ではメタボリックシンドロームなどの生活習慣病が生命予後に与える影響は少ないと言われていることから，高齢者で問題となる栄養不良の多くは低栄養であり，その要因を表11.2に示した．

老化に伴う様々な機能低下が元で健康障害に陥りやすい状態①体重の減少 ②主観的疲労感 ③日常生活での活動量の減少 ④身体能力（歩行速度）の減弱 ⑤筋力（握力）の低下，の1～2項目が合致した場合をフレイルティ前段階，3項目以上合致した場合をフレイルティと定義している．

具体的な所見としては，痩せてくる（体重の減少），皮膚の炎症が起こりやすくなる，免疫力が低下し風邪などの感染症や合併症にかかりやすくなる，食欲がなくなる，歩く速度が遅くなり，歩けない，よろけやすくなる，疲れやすい，だるい，元気がない，ボーッとしている，口の中や舌，唇が乾きやすくなる，握力が落ちてくるなどが挙げられる．

表 11.2　高齢者の低栄養の要因

要　　因	症　　状　・　障　害　等
社会的要因	独居，孤独感，介護力不足・ネグレクト．貧困，
精神的心理的要因	認知機能障害，うつ，誤嚥・窒息の恐怖
加齢要因	味覚・嗅覚障害，食欲低下
疾病要因	臓器不全，炎症腫瘍，義歯等の口腔疾病，消化機能低下
その他の要因	不規則な食習慣，栄養に関する誤認識，医療者の不適切指導

厚生労働省

このようなフレイルティの症状を防ぐためには，日々の食事から良質の高タンパク質を摂取することを基本として，身体の活動エネルギーを産生し，筋肉タンパク質や内臓タンパク質の維持を図ることが大切である．さらに，免疫機能の維持と向上に繋がり，結果的に自立した健康的な生活と生活の質（QOL）の向上に繋がる．そのためにも肉類，牛乳，卵などの良質な高タンパク質食品と脂質類を摂取し，身体の栄養状態を良好な水準に維持することが，高齢期に求められる食生活のあり方だと考えている．

11.4　高齢者に向けた食肉製品

高齢者になると咀嚼力や嚥下力の低下，義歯の増加，味蕾や唾液量の減少による味覚の変化，消化機能の低下などにより，食（食事）への執着が薄れて，以前は普通に食べていたものが食べられなくなることが多い．「低栄養」や「栄養欠乏」に陥ると筋肉量が減少し，身体機能の低下が進み，さらに運動量とエネルギーの消費が少なくなり，その結果，食欲が低下するという負の連鎖が続くことになる．低栄養状態に陥る背景には，食事の内容に問題がある場合と，気持ちや生活環境に問題がある場合が考えられ，その予防法として食欲が湧いてくるような雰囲気を作り，良質のタンパク質，ビタミン類，ミネラルの摂取を心がけるようにすることが大事である．

しかし，食（食事）は単にエネルギーや栄養の補給だけのものではなく，「香り」「味わい」「歯応え」「舌ざわり」「喉ごし」といった物性の美味しさも加わり，生活に豊かさと楽しみを与えてくれるものでなければならない．このように精神的な満足感を得ることは生活の質（QOL）の維持向上に極めて重要であり，食肉加工の分野でもスマイルケア食品のステージにあった，噛む・飲み込むことが難しい食品は，物性を変えて嚥下しやすく，さらに今までの食経験とかけ離れないような食肉加工品の開発が急務である．

市販されている高齢者および介護用食品は，食材を軟らかく煮込んだり，刻んだり，あるいはすり潰し，咀嚼や嚥下機能を補助するような形態で製造されているものも多い．このような刻み食や流動食は，栄養価値としては十分に満たしているが，香りや彩りなどの「見た目」のおいしさが失われていることが多く「食欲をそそるもの」とは言えずに違和感を覚えることもある．

安心・安全性に配慮され「見て楽しめる」「食欲をそそる」ことが可能となる高齢者・介護用食品の一例として，食材の硬さを調節できる「凍結含浸法（特許第3686912号）」がある．この手法は，食材の中に速やかに酵素を含浸させることにより食材は果物が熟すように軟らかくなる．酵素作用を調節することにより少し軟らかいものから，自重でつぶれてしまうほど軟らかいものまで様々な硬さに調整することができる．野菜類，肉類・魚介類と通常の食事に使われる多くの食材に適用でき，これまで介護食には不向きだった根菜類，ステーキ肉も提供でき，この技術の普及は，高齢者向けの加工食品として利用の可能性も広がり，すでに製品化もされている．

11.5　高齢者を支える食肉の役割

毎日の食事は「見て楽しめる」「食欲をそそる」ものであり，スマイルケア食品は同時に栄養価値も兼ね備えていなければならない．日本人の摂取エネルギー量は1日約2,000 Kcalで，ほぼ

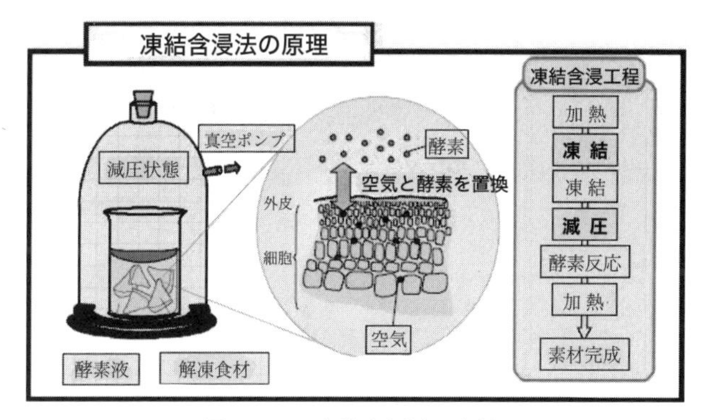

図 11.2　凍結含浸法の原理
広島県立総合技術研究所　食品工業技術センター

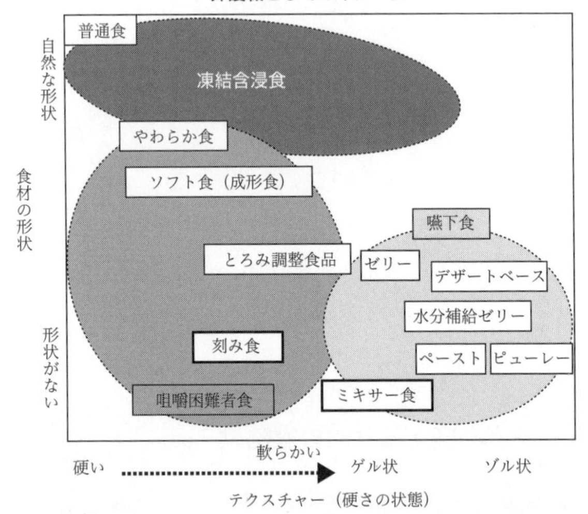

刻み食
凍結含浸食
（スプーンでつぶせる）
ミキサー食

図 11.3　従来の高齢者食と凍結含浸法による調理例
広島県立総合技術研究所　食品工業技術センター

100 年間変わっていないが，エネルギー源となる食材の内容をみると穀類が減少し，肉・卵・乳などの動物性タンパク質が増加している．タンパク質の構成比では動物性と植物性がほぼ 1：1 と

図 11.4　凍結含浸法による調理例（豚肉）
豚肉でもスプーンでつぶすことができる
広島県立総合技術研究所　食品工業技術センター

理想的になっており，食肉製品が食生活・栄養の改善の決め手として不可欠なものといえる．

加齢とともに血清アルブミン値が低下することは，いわゆる老化とも言われており，アルブミンは免疫力とも関与し生活機能にも大きく関係している．東京都老人総合研究所（現：東京都健康長寿医療センター研究所）が提唱している高齢者のための「元気で長生きの十ヵ条」の中で食肉に関係する項目として，血清アルブミン値は高く，血清総コレステロール値は高すぎず低すぎずとあり，動物性タンパク質を多く摂ることを勧めている．

食肉の栄養成分は消化吸収の良いタンパク質と脂質が主成分であり，微量成分としてビタミンB群，ミネラル類が多く含まれている．

食肉はタンパク質を構成するアミノ酸のうち9種類の必須アミノ酸をすべてバランスよく含有している．食肉に含まれるタンパク質中のアミノ酸スコアは魚，卵と並び100であり，植物では大豆が100であるものの，精白米65，小麦粉44，トマト48と比べると群を抜いてバランスがよい．

また，食肉の脂質は，エネルギーの貯蔵，生体膜や代謝活性制御ホルモンの前駆物質などの構成成分，脂溶性ビタミンの吸収などの役割を担っており，人では生合成できない必須脂肪酸であるn−6系のリノール酸，γ−リノレイン酸，アラキドン酸，n−3系のα−リノレイン酸，エイコサペンタエン酸（EPA），ドコサヘキサエン酸（DHA）などの多価不飽和脂肪酸も含まれている．

高齢者には食生活の中で3食を規則正しく摂ることを基本に，適正カロリーと高タンパク質食品の摂取が理想であり，自立した生活やQOLの向上には牛・豚・鶏などの動物性タンパク質を万遍なく十分に摂取することが極めて重要である．

参考文献

1) 高齢者の食生活を考える （公財）日本食肉消費総合センター（2006）
2) サクセスフルエイジングをめざして 東京都老人総合研究所（現：東京都健康長寿医療センター研究所）（2006）
3) 根岸靖夫 高齢化社会を支える食肉の役割と機能性 生活機能開発研究所 4：55 − 66（2006）
4) 大越ひろ 段階的食事の共通化とユニバーサルデザインフード 缶詰時報 90：1148-1159 (2011)
5) 戸田貞子ら 高齢者に対する牛肉の食べやすさと調理による向上 日本家政学会誌 59：881-890（2008）
6) 品川喜代美ら 食形態の異なる肉加工品の食べやすさと嗜好性に及ぼす力学的特性の影響 日本調理学会誌 48：292-300（2015）
7) 「日本人の食事摂取基準（2015年版）策定検討会」報告書 厚生労働省（2015）
8) 「新しい介護食品」の考え方 介護食品のあり方に関する検討会議 農林水産省（2014）
9) 国民健康・栄養調査（平成26年）厚生労働省 （2014）
10) 凍結含浸法ガイドブック 第4版 広島県立総合技術研究所 食品工業技術センター （2017）

索　　引

欧　文

和　文

ア　行

カ 行

サ　行

タ 行

ナ　行

ハ　行

マ　行

ヤ　行

ラ　行

ワ　行

■ 原著者略歴

鈴木　普（すずき　ひろし）

1929年　東京都に生まれる
1950年　東京農林専門学校獣医畜産科卒
　東京と農村工業指導所に勤務．皮革加工の研究に従事
1955年　東京都農林試験場に合併後，食肉の流通事情及び食肉加工の研究に従事
1973年　科学技術庁技術士を農業部門の畜産加工で登録
1989年　農芸化学部長，環境部長を歴任後，東京都退職
1990年　東京都食品産業協議会事務局長
1999年　東京都食品産業協議会退職
　鈴木食品技術士事務所開設
　ふるさと東京むらづくり塾アドバイザー
　福島県商工会連合会エキスパート

著　書　「図解ヒット食品の製造と開発」（共著，水公社）

■ 改訂編著者略歴

三枝　弘育（さえぐさ　ひろやす）

1955年　東京都生まれ
1978年　東京農業大学農学部畜産学科卒業
1980年　東京農業大学大学院博士前期課程修了
1982年　東京都畜産試験場採用　採卵鶏の育種と東京しゃもの肉質に関する研究業務に従事
1987年　東京都畜産試験場三宅分場　肉牛と豚の繁殖業務に従事
1990年　東京都立食品技術センター　調味料を中心に食品開発全般の研究業務に従事
2000年　東京都小笠原支庁畜産指導所　肉牛繁殖と亜熱帯飼料生産の業務に従事
2002年　東京都建設局　上野動物園、多摩動物公園で野生動物の飼育業務に従事
2006年　東京都立食品技術センター　副参事研究員、所長を歴任
2015年　東京都退職
2014-15年　全国食品関係試験研究場所長会長

現在　東京都立食品技術センター嘱託職員

著　書

食品加工総覧　第7巻　味噌，醤油，調味料，油脂，酒類，菓子，ジャム
分担執筆（農文協）

改訂新版　食肉製品の知識

1992年1月31日　初版第1刷発行
1996年7月25日　改訂第1刷発行
2001年9月20日　改訂第2刷発行
2018年2月9日　改訂新版初版第1刷発行

原著者　鈴木　普
改訂編著者　三枝弘育
発行者　夏野雅博
発行所　株式会社　幸書房
〒101-0051　東京都千代田区神田神保町2-7
TEL 03-3512-0165　FAX 03-3512-0166
URL　http://www.saiwaishobo.co.jp/

組　版：デジプロ
印　刷：シナノ
装　幀：クリエイティブ・コンセプト（江森恵子）

ISBN978-4-7821-0419-4　C3058